输掉了一切，
也不要输掉微笑

只有在你的微笑里，我才有呼吸。
当你微笑时，世界爱了他；当他大笑时，世界便怕了他。

陈万辉 编著

煤炭工业出版社
·北京·

图书在版编目（CIP）数据

输掉了一切，也不要输掉微笑/陈万辉编著．－－北京：煤炭工业出版社，2018（2021.6 重印）
ISBN 978－7－5020－6462－4

Ⅰ.①输… Ⅱ.①陈… Ⅲ.①人生哲学—通俗读物 Ⅳ.①B821－49

中国版本图书馆 CIP 数据核字（2018）第 015372 号

输掉了一切　也不要输掉微笑

编　　著	陈万辉
责任编辑	马明仁
编　　辑	郭浩亮
封面设计	浩　天
出版发行	煤炭工业出版社（北京市朝阳区芍药居 35 号　100029）
电　　话	010－84657898（总编室）
	010－64018321（发行部）　010－84657880（读者服务部）
电子信箱	cciph612@126.com
网　　址	www.cciph.com.cn
印　　刷	三河市京兰印务有限公司
经　　销	全国新华书店
开　　本	880mm×1230mm $^1/_{32}$　印张　8　字数　150 千字
版　　次	2018 年 1 月第 1 版　2021 年 6 月第 3 次印刷
社内编号	9342　　　　　定价　38.80 元

版权所有　违者必究
本书如有缺页、倒页、脱页等质量问题，本社负责调换，电话:010－84657880

前 言

当爱丽丝打开门时,突然发现一个男人手持一把锋利的刀,正恶狠狠地盯着自己。"你是推销菜刀的吧?你可真会开玩笑呀!朋友,我喜欢,我决定买你一把刀。"小女孩儿眨动着她那机灵的大眼睛,像繁星一样,一闪一闪地微笑着说。一边说着还一边让男人进屋,"我过去有一位好心的邻居长得很像你,我很高兴能够认识你,不知道你想喝咖啡还是茶……"爱丽丝说道。

凶神恶煞一脸杀气的歹徒,表情逐渐变得十分腼腆。"谢谢,谢谢!"他吃力地说道。

最后,可爱的爱丽丝买下了那把明晃晃的刀。男人接过钱,迟疑了片刻,最后转身离去。在走到门口的时候,他回过头来对爱丽丝说:"小姐,你将改变我的一生!"

微笑,它就是如此的神奇,它能改变一个人的一生。它的力量,包含着一种丰富的内涵,这种内涵有着一种能够激发想象和启迪智慧的力量。

微笑,像含苞欲放的花蕾。它根植于人类真诚和善良的心灵之中,在生活中洋溢着沁人肺腑的芳香。

在人生的旅途上,它是最好的身份证。微笑着告别痛苦,微笑着迎接快乐。即便未来的岁月里,继续有重重的困难,但我们心灵的花蕾上,仍然要闪耀着希望的滴露,依然要闪烁着信念之光。

顺境中的微笑,对于我们来说它是一种嘉奖。逆境中的微笑,对于我们来说是一种理疗,理疗人心,抚平创伤。

微笑如阳光一样,可以驱散人心中忧愁的阴云。微笑如春风一样,可以吹散所有的误会与烦恼。

微笑似无声的音乐,传递着美妙绝伦的情感。微笑似写意的绘画,展示着它乐观的精神风貌。它是自由的,永远不会凝固。它也是含蓄的,永远不会浅陋。

人们会欣赏蒙娜丽莎的微笑。然而,真正的杰作,却是生活中那些发自心灵深处闪耀着自由之光的纯真微笑。

微笑的人,是自信的、善良的、从容的、快乐的、坚强的、充满希望的……生活需要微笑,人与人之间也需要微笑,给予别人,给予你自己。微笑,不仅仅是一个动作,它给予的,或许是黑暗中的一盏明灯,寒冷中的一丝温暖。

微笑被人誉为"解语之花,忘忧之草"。微笑是多彩的花,是一颗颗美好的心灵,向着明天,向着未来……

目 录

|第一章|

微笑是一朵善良的茉莉花

微笑是一朵善良的茉莉花 / 3

善良的诠释 / 6

如果生活有眼睛 / 10

善良是一种本能 / 13

用欣赏的眼光看问题 / 16

信任的力量 / 19

天使般的微笑 / 22

珍惜自己拥有 / 25

害人之心不可有,防人之心不可无 / 28

近恶者沾恶习,近善者习修美德 / 31

用微笑化解不满和指责 / 34

|第二章|
微笑是一朵快乐的向阳花

微笑是一朵快乐的向阳花 / 39

生活是你选择的结果 / 42

快乐无条件 / 45

我们心中的墙 / 48

最好的一个柚子 / 51

距离的美好 / 54

人生之中的期待 / 58

快乐地放下 / 63

幸福深处 / 67

简单所以快乐 / 70

做个快乐的人 / 73

目 录

|第三章|

微笑是一朵奉献的水仙花

微笑是一朵奉献的水仙花 / 79

生命感言 / 82

奉献是种形式吗 / 86

做个被别人需要的人 / 90

团结就是力量 / 94

换个角度换种心情 / 97

莫做一枚棋子 / 99

悲喜一念间 / 102

|第四章|

微笑是一朵爱情的玫瑰花

微笑是一朵爱情的玫瑰花 / 107

关爱,有时只需要一个拥抱 / 110

关爱我们的父母 / 114

做自己的朋友 / 118

生命的旅途中,相信爱情 / 121

没有钱,爱情就不能长久吗 / 123

爱情要自由 / 126

台阶里的爱情 / 130

品味爱情的八宝粥 / 134

|第五章|

微笑是一朵从容的牡丹花

微笑是一朵从容的牡丹花 / 141

吃亏是福 / 144

对生死的思索 / 147

幸福其实很简单 / 150

让悲哀的心微笑 / 153

做优雅的女人 / 157

做个幽默的男人 / 160

让总统下台的女人 / 163

善于区分职场中的场面话 / 166

高处不胜寒 / 170

凡事微笑以对 / 173

|第六章|

微笑是一朵自信的百合花

微笑是一朵自信的百合花 / 179

生活的信心是因为忠于自己 / 182

优点与缺陷 / 186

"自以为是"送了命 / 189

为什么会痛苦 / 193

做最真实的自己 / 197

做个被别人重视的人 / 200

不去冒险就是最大的风险 / 203

给成功定一个期限 / 206

没有人能使你倒下 / 209

感激对手 / 212

目　录

|第七章|

微笑是一株含泪的罂粟花

微笑是一株含泪的罂粟花 / 217

不能失了警觉 / 220

致命的撒手锏 / 223

虚名遮望眼 / 226

晋人成仙 / 230

人为什么而失眠 / 234

为何没了命 / 237

生气让你丢了性命 / 241

第一章

微笑是一朵善良的茉莉花

微笑是一朵善良的茉莉花

让我们像小小的茉莉花一样,虽然被风吹、被雨淋,却依然完美的演绎精彩人生。让友善的种子存在你我心间,让它在大地上播种,让那微笑的花朵开遍世界的每个角落,让那微笑的善良之花永远芬芳。

如果说善良是一种语素,那么微笑就是世界通用的语言。它可以使盲人感受到,可以使聋子感受到。它并不需要太多动听的语言,也不需要太多华丽的修饰,只是那样一个简单的动作,就有着神奇的力量。

冬日的晚上,寒风刺骨。中年夫妇来到一家小旅店投宿,可是很不巧,人已住满,这是他们寻找的第十二家旅店,他们望向阴冷的窗外,无奈地叹着气。店里的小职员将这一切看在眼里，他的心里却更急，怕他们夫妇冻坏了身体。他走到夫妇面前说："如果你们不介意的话，就住到我的床铺上吧，我睡地上就行了。"二人非常感激年轻人。第二天早上，夫妇二人要给他房费，可是被店员回绝了。临走时，他们二人开玩笑地说："年轻人，你将来一定能成大器。""那是我的理想，谢谢你们！"小店员诚恳地答道。并送出中年夫妇很远一段路途。

两年后的一天，小店员收到了一封来自纽约的信，信中夹有往返的机票，信中内容是邀请他去当年的中年夫妇之家。他来到纽约后，中年夫妇来接机，并且将他载到了一幢摩天大楼前说："这是专门为你兴建的宾馆，现在我们正式邀请你来当总经理。"

年轻的小店员因为一次友善的助人行为，实现了自己的梦想，照亮了自己的人生。

当你走在喧嚣的马路上，看到一个颓废的人，正从你的身边走过，请你给他一个友善的微笑。或许你们之前从未谋面，也许他并不知道你是否有意给他一个微笑。但是，从你的眼里，他会读到真诚与希望。嘴角微微地上扬，短短的几秒钟，似乎就已经透过你的身体到达了他的心底。这个微笑，化成了一个永恒。让他能够重新快乐起来。他会抬头望望天空，他会发现，湛蓝秀美的万里晴空埋藏了所有的阴霾。那白云，似乎拼凑成了一个个希望的笑脸。他回报了你一个微笑，同样带着真诚，但是，多了一份感激。

当你给了别人一个真诚的微笑的同时，你所得到的是友情、感激、欢乐、尊重。与此同时，你也会忘记所有的烦恼，快乐起来。你的微笑，传递给别人的将会是一种幸福。

输掉了一切，也不要输掉微笑

善良的诠释

通过下面这个故事，让我们看到了有些习惯完全是可以改变的，这取决于一个人的内心，那种被唤醒的善念。在每个人的心里，都会有一根善良的弦，这根弦只有爱心才能拨动它。如果想要别人善良，你首先应该付出你的爱。即使遇到再恶的人，只要你用你的爱，也能唤醒他的善良，让他摒除恶念。

在一个土地贫瘠的村庄里，人们世世代代都过着贫穷的生活，他们生活在水深火热之中。

离这个村不远有一条十分简易的公路，这条路路况不好，只要经过这里的车辆大大小小都会发生事故。一天，一位司机在这里发生了车祸、翻了车，受伤很严重，他拦了一辆车就去

第一章　微笑是一朵善良的茉莉花

了医院。车上的罐头滚落了一地，被这里的村民看到了。由于没有人看管货物，所以村民就将那些罐头偷偷地运回了家。连续许多天，每家每户都有美味可口的罐头吃。

经过这件事后，这里的村民受到了启发。他们心想，以后就可以靠这条路来吃饭了。以后，村民们时常在公路上来回转悠，他们希望还会有运载食物的车辆出事故，这样一来他们就可以乘机有所收获。

发生车祸也是有数的，村民们看着那些运载食物的车一辆辆的经过，最终还是一无所获，时日久了，他们竟然感觉不甘心。于是，村民晚上用工具将公路路面挖得千疮百孔。这样导致许多车辆在这里总出事故，由于路况十分差，即便经过这里的车子行进速度都非常缓慢，还是让这里的村民有机可乘，他们开始扒车，偷偷地从车斗里拿走一些他们需要的东西。

到了最后，村民们不再偷偷地拿，而是大摇大摆、明目张胆地抢。一时间，这条公路成了最不安全的路段。

虽然警方出动大量警力破案，也抓住了几名抢劫的村民，并绳之以法。可是这并没有震慑住其他村民，作案分子反倒是更加猖獗，变得更加机警，村民抢劫开始互有分工，谁来负责望风，谁来负责抢货物，谁来负责销毁罪证，让那些前来搜查的警察找不到物证。这些令警察也感到十分头疼、束手无策。这里的村民已经习惯了这种不劳而获的生活方式。

一年冬天，一辆运载着化学物品的货车从这里经过。很奇怪的是这种化学物品外形和面粉无异，它是一种工业用淀粉，对人体有害。但是，这一次，村民仍旧把它的货物一抢而空。

年轻的司机意识到问题的严重性，他必须制止惨剧的发生。他跟进了村子，请求村民将货归还，可是没有人愿把到手的"美餐"交出去，他们矢口否认。尽管年轻人百般恳求还是没有奏效。都没有作用。于是，他告诉村民，那些是工业淀粉，有毒，吃了会死人。

村民根本就不相信他说的话。最后，没有办法，小伙子一家挨一家地登门解释，无奈至极，他向村民们下跪，请求他们不要食用毒淀粉。也许是他的执着，这里的村民开始将信将疑，他们有人拿去喂鸡，结果，不一会儿鸡就死掉了。村民们由震惊到被感动。是那位无私的小伙子拯救了他们的生命。他的

第一章 微笑是一朵善良的茉莉花

善良、他的爱心,他的胸襟,使村民们自惭形秽,感动不已。

最后,他们全部物归原主。从这之后,这里再也没有发生过抢劫的事件。这个村附近的公路终于太平了,连那些警察的治理、政府的引导都未产生效果的事情,竟然被一个年轻司机的善良之跪、爱心之举,改变了一切。

如果生活有眼睛

> 对别人是宽容还是苛责，对事情是热情还是冷漠，只在一念之间，而它却是决定人是否成功的关键。

老林和命运抗争了大半辈子，付出的汗水也不少，也曾努力地拼搏过。然而，到了花甲之年的他仍旧一无所成。儿女都远离他，从来不会回家看他。他每天喝好多的酒，喝过之后，倒到床上就睡。于是，他慨叹上天对他的不公，他真的想问问上天，为什么不让他体会一次成功的喜悦。

老李与老林同岁，他们两人的生活状态却截然不同，可谓天壤之别。老李看上去精神矍铄，气宇轩昂。他每天早晨都会陪着老伴儿去公园散步，平时练书法、看书，不时还浪漫一

第一章　微笑是一朵善良的茉莉花

次，一同去影院看电影，有时还会参加社区组织的一些活动，每逢周末，儿女都回到家和老两口儿团聚，一家人其乐融融。偶尔还会与同事会面，与多年的友人小聚一下，他的生活中充满了幸福与喜悦。

有一面镜子，可以使时光倒流，回到两人的年轻岁月。于是两位老人同时站在了镜前，在镜子上方左右两侧分别出现了两幅电影画面，往昔的一切历历在目。

时光回到了40年前，刚刚20岁的老林是一位帅气的阳光青年，他暗恋同学小美，小美是个惹人怜爱的好女孩儿，长相娇俏，性格讨巧。不幸的是，他有个情敌，那个人很有钱，长相也很帅气，待人既热情又真诚。为了战胜情敌，获得姑娘的欢心，他邀请那个人一起出去游玩。然而在去游戏的路上，他们发生了车祸，那个人有一条腿残疾了，而他只是一些轻伤。车祸是他设下的一个圈套，这一点他自己再清楚不过了。虽然后来他得到了姑娘的芳心，但一年未过，姑娘知道真相后离他而去。工作中，一次领导交给他一个任务，让他把公司的1000件货品发放到子公司，他却从公司取出了1500件，其余的500件据为己有。时间久了，他的贪婪行径被公司发现了，把他辞退了。40岁时，他与一个再婚女人生活在一起，他们各自带着两个孩子。他对女人不好，更讨厌她带着的孩子，每天都会大声责骂他们。与之相反，老林希望自己亲生的两个孩子每天能保持快乐的心情，每天都对他们时常保持微笑，然而两个孩子并不喜欢他。并在上大学后离开了他，回到他们母亲的身边。

反观老李的20岁，他用自己的真诚与执着、温情与善良打动了姑娘，他们幸福地走进了婚姻的殿堂，随着时光的流逝，姑娘对老李的爱与日俱增。对待工作，老李勤勤恳恳，对于领导交给的每一项工作都认认真真地完成，十年之中，有数次的晋升，在本行业之中成为专家学者。为人父的他，总是尽可能抽出时间陪伴孩子们，他要与孩子一同成长，平时教给他们做人的道理，帮助他们解决成长的烦恼，孩子们很爱他。

记住，不要因为贪婪之心，断送了自己的事业、家庭；也不要因为对家庭成员的苛刻与虚伪，失去了亲人对你应有的尊重与信任。

第一章　微笑是一朵善良的茉莉花

善良是一种本能

善良是一种发自内心的本能，它不需要你用条条框框去标榜它有多么伟大，多么崇高，它仅仅是人们心中那朵最美的力量之花。

有一个矛盾的话题一直困扰着很多人，就是："如果有两个人同时掉到河里，一位是你的妈妈，另一位是你的妻子，你会先救谁呢？"我想，这个问题怎么回答都不会很完美，都有错的成分。后来，在电视里看了一个访谈节目，我找到了答案。

那一期节目中，讲述的是，在一个风和日丽的七月，有一个旅游团在竹排上游览，忽然，有一个大浪向他们打来，十几名竹排上的游客都被巨浪卷到了水中。

游览的十多人中，有新婚夫妇、有青年情侣、有女人怀抱着孩子、有老夫妇。十分无奈的是，在竹排上的所有人中，只有一个人会游泳，那就是刚刚结婚的新郎。当竹排被打翻的时候，他几乎出于本能，首先抓住了离自己最近的老人，还有孩子在女人的手里，她始终没有放手。

当他再一次跳下水时，他所能抓到的人获救。当第五个人被他救上后，他已是筋疲力尽，这时，再想想自己新婚却不会游泳的妻子，不知道已经漂往何方了，当妻子被打捞上来时，他们已是阴阳两隔。

谁能想到这次蜜月竟然成了他们的绝境之旅。事后，当主持人采访他时，问他说："你当时是怎么想的？你为什么会选择先救老人，而不是孩子和女人？你又为什么没选择去救自己的新婚妻子呢？"

或许他们想要的答案是：他的行为有多么的伟大多么的崇高，把别人的生命放在第一位，它重于自己妻子的生命。令人惊讶的是，他回答说："我当时并没有想太多，甚至大脑是一片空白，但是我知道救一个是一个，当然是先救在我手边的了，难道我要抛弃这一个求救的人去游到远处找自己的妻子

第一章　微笑是一朵善良的茉莉花

吗？我想这一切都是出于我自己的本能吧。"

高度经典的概括，它只是一种本能，一种善良的本能。在这里，他没有想要有多崇高，此时，只有救一条命是一条，在人命关天的这一刻，并不是课堂上那些理想所能教的，而是人性闪现出的动人的光辉。

一个岁的小男孩儿被人贩子拐卖了。当他们在火车上时，这个小男孩儿并没有哭，而是一直叫人贩子叔叔，还不停地央求他讲故事给自己听。小男孩儿天真而又充满好奇地说："叔叔、叔叔，你的儿子是不是也让你讲故事听他才肯睡觉呢？"

听到这儿，人贩子的心悸动了下。他想到了自己6岁的女儿，同样也会每天缠着他讲故事，自己也是为人夫、为人父的人，刹那间，他良心发现。他做了个决定，要把孩子送回去。

这一次真是个意外，因为很少有人贩子的心是善良的。最后他投案自首了。有了他的供认不讳，案子取得了突破性的进展，当破案后，其他案犯全是死刑，只有他被判了15年有期徒刑。

他的灵魂终于解脱了，是孩子给了他一条生路。确切地说，是他人性之中残存的那点善良救了他，是那一点善良让人明白，再狠毒的人也会有软肋，也会有良心发现的时刻。

用欣赏的眼光看问题

> 有的时候，我们的失败，都是败在了思维定式上。走出思维定式的"死胡同"，你就能够获得成功。

遇到问题时，用欣赏的眼光看待，往往会收到意想不到的效果。运用变换视角的思考方式，不要被旧有的思维模式所局限，走进一条死胡同。

从前，有一个国王，他身患残疾。少了一只眼睛和一条腿。一次，邻国向他进贡，送给国王一幅美女的画像。只见那画像上的女子娇艳迷人，超凡脱俗，原来人在画上也会如此的漂亮呢！国王在心里默想。突然，他心血来潮，也想让宫廷画师给自己画像。甲画师做事非常细心，中规中矩。他按部就班地画出了国王又瞎又瘸的本来面目。

第一章　微笑是一朵善良的茉莉花

当有人呈现给国王看后，他十分气愤，怒从心头起："他怎么把我画得如此丑陋，真是吃了熊心豹子胆了，真是可恶，真是该杀。"老实本分的甲画师就这样被国王无情地杀掉了。

第二天，国王又派人找来乙画师给他画像。此前，那个同行的悲惨结局，对于乙画师来说，算是有了前车之鉴，他再也不敢按照实际情况来描绘国王的缺陷了。只见那画布上画了一个双眼炯炯有神、正目视前方、迈着矫健步伐的国王。乙画师心想，我给他画得这么完美，这回他总该满意了吧。当有人呈现给国王看后，他十分震怒、大发雷霆，气愤地骂道："这怎么是我呢？你这可恶的家伙。"可想而知，他与甲画师一样，终究没有摆脱被杀害的命运。

国王仍旧不甘心，远近的画师也没有人敢再给国王画像了。一天，一个不知名的小画师，自告奋勇地说他可以给国王画像。其余的画师似乎松了一口气，都十分佩服他的胆识。同时，也很为他担心，想他怎么就去送死呢！只见小画师十分耐心地画着，过了几天，他终于完成了这幅画。立刻有人把画呈现给国王看，国王看后，奇迹出现了，只见国王那紧绷的脸变得柔和起来，最后他开心地大声地笑了出来，并且夸奖小画师十分聪明。

人们发现，小画师的精明之处在于，他既没有像甲画师那样把国王的缺陷完全暴露出来，也不像乙画师那样不切实际地恣意描抹。

这个机灵的小画师是这样描绘国王的：他英姿飒爽地侧身骑在马上，那条残缺的腿被隐藏在马鞍的后面，只见他双手举着猎枪，正眯着一只眼（这只眼就是那只失明的眼），瞄准远方的猎物。这样的布局，使得整幅画面呈现出一个英姿勃发的国王。观画的人丝毫看不出国王的任何缺陷，小画师也没有像第二个画师那样虚假地改变了国王的本来面目。

最后，丑陋的国王再无任何的挑剔，奖励了这个机灵的小画师。

第一章　微笑是一朵善良的茉莉花

信任的力量

　　学会信任并尊重每一个人，无论他的身份和工作有多么卑微，都应该去信任他，尊重他。这是我们应该具备的良好品质。要知道，信任没有高低之分，尊重也没有贵贱之分，信任、尊重别人也会让别人尊重和信任你。

　　有一位出租车司机发现有顾客把钱包遗失在他的车里后，他马上去各报纸登出招领启事，因此，还耽搁了他几天的出车时间。那钱包里有两万多元，也是非常有诱惑力的，如果是别人，也许会据为己有。毕竟失主不知道他的车牌号码，他完全可以将这钱"昧"下来的。然而他却宁愿选择耽搁出车时间，也要把巨款物归原主。还有许多人说他傻。令他感到心寒的是，当他把钱包递到失主手里时，失主的行为伤了他的心，此时，他认为自己真的很傻。

当那位失主打开钱包，他竟然将那些钱数了三遍。不仅数了三遍，他还在阳光底下拿着些钱反复地照着，司机当时尴尬得无地自容，如果他抽出去几张或者换成假币，他又何必去还钱呢？

对于失主来说，把那些钱数三遍，也许只是他的一种下意识动作，或是一种习惯。然而，他的这种行为却深深地伤了司机的心，对于他是一种情感上的伤害。人做的每一个微小动作，都有其意味和指向，包括每一个动作的背后都隐含着一种逻辑。

生活之中，各种大大小小的细节，对于行为者本人来说是一种习惯，然而对于它所暗合逻辑和给他人的感受却无从知晓，也无从重视。它就像一把软刀子，人与人之间的温情被一点点无情地切割着，最后人们变得心灰意冷，善行敛迹，美德遁形。有时，灾难并不能将人压倒，反倒是一个小小的细节，将他伤害至深。归根结底，是缺乏一种对他人的信任。

在一家大公司，因为一位高级负责人的工作失误，致使公司损失了1000万元的大单。因为这件事，他变得压力重重，还有些精神紧张，十分萎靡不振。

一段时间后，董事长要见这位负责人。他在心里对自己说：该来的都来了，我认了。当他听到自己被调任到一个同等重要的新职务时，他几乎不敢相信自己的耳朵。这令他出乎意料。"请问董事长，当我犯了这么重大的一个错误后，为何您还留下我，而不把我开除或降职呢？"他不解地问道。

董事长平静地回答说："如果那样处理你，那我岂不是白白地花费了1000万元的'学费'在你的身上吗？"

仅仅几分钟的谈话，让这位高级负责人重拾信心，这给了他以深刻的教育和极大的鼓励，董事长的信任成了巨大的内在动力，促使他在新的起点上奋发拼搏，鼓励他以更加惊人的毅力和智慧为公司的发展立下了汗马功劳。

我想，天下没有不犯错误的。我们每个人都希望自己犯了错误之后能得到别人的原谅。因为得到别人原谅就等于得到了别人对你的信任，继续让你去做你应该做下去的事情。对于那些不信任的原谅，其实还算不上真正的原谅。信任是最美的原谅，信任才能让人变得更加美好。

輸掉了一切，也不要輸掉微笑

天使般的微笑

　　生活，并不是我们所想象的那样，一切都由上帝安排定局，无论你怎样努力都不会有所改变的。事实恰恰相反，如果你不喜欢，一切都可以改变的，而且当你努力去做的时候，你会发现，其实并不难。告诉自己，不想流泪的话，就让自己去微笑，像天使一样地微笑。

　　得克萨斯巨大的教堂已经为复活节装饰得焕然一新，两千多人安静地坐在下面。玛丽站在教堂的室内露台上，独自看着远方，一刻钟以后，她就要演出了。她将从天花板上被一根绳子吊起，它是这次"复活节盛典"飞翔的天使，现在，有几位技术人员正在给她带上一件护具。

　　两年以前，玛丽就为舞台上飞来飞去的天使而着迷，每当

第一章　微笑是一朵善良的茉莉花

她在电视上看到"复活节盛典"后，都有想报名参加这项表演的冲动。这是一次十分盛大的演出，每个女孩儿童年时都会做过当天使的美梦。此时的玛丽站在露台边缘，她就要"起飞"了。只见晚会服务人员把她的护具系紧，拉了拉那绳子。此时的玛丽万分地紧张，突然，莫名其妙地担心起来：这绳子能承受住我的重量吗？它要是断了我该怎么办呢？那些管理人员似乎看出了玛丽的担忧、焦虑心情。"孩子，不要担心，它结实着呢！从没失过手。"他们耐心地安慰玛丽说。玛丽想到自己的梦想就要实现了，心中无比的激动，而且此时，她也没有了任何的退路可走。

她想到了两年以前，第一次参加这个角色的面试时，还没有进行到第二轮就已经被淘汰了。那个时候面试，首先是一位舞蹈教练教给参赛选手一段舞蹈，由各位选手来模仿。有的人并不擅长跳舞，所以便显得有些笨手笨脚。当然，玛丽也在这个行列之内。先后有过两次的失败经历，今年，她已经打算放弃了。可恰巧在此时，有一位连续两年成功入选天使这一角色的女孩儿，给了玛丽一些中肯的建议："小丫头，知道面试的诀窍是什么吗？就是微笑，与此同时你要看着评委的眼睛。无

输掉了一切，也不要输掉微笑

论你的舞蹈跳得有多么糟糕，也不要想他们会不会注意到你的舞步，你要时刻保持微笑。仅此而已！"

玛丽谨记那个女孩儿的忠告，每当她在拿不准舞步时会微笑，胳膊没有流畅地伸展时她微笑，转错方向时仍然微笑。虽然微笑并没有把她变成一个更好的舞者，但它使得整个面试过程更加愉快。她不再为表演得是否完美而担心，她完全沉浸在天使的感觉中。她想象着自己在空气中飞翔，充满了美丽与自豪。

与其他扮演天使的演员相比，玛丽是个例外，因为她没有经过专业的舞蹈训练。可是，她依然充满了信心和勇气。瞬间，她感觉腹部被轻轻拉起，她飞起来了，她的心中充满了喜悦。只见她越飞越高，已经超过了露台的高度。然后她伸展双臂，开始微笑。

演出进行得十分顺利。当她飞过观众头顶时，也许玛丽出了几个小错，但没有人会在乎。玛丽把一切都抛之脑后，她就是一个快乐的微笑天使。

从此，无论玛丽走到哪里，每当怀疑和恐惧爬上她心头的时候，玛丽都会对自己微笑，微笑使她重新充满自信。她坚信微笑具有神奇的力量，它曾使玛丽像天使那样在空中飞翔。

珍惜自己拥有

> 假如天上的小鸟爱上了水里的鱼,它们的家会安在何处呢?如果羡慕别人就可以获得快乐,那为什么还会丢掉了自己的身家性命呢?不羡慕别人所有,珍惜自己所拥有。

从前,有一只小鸟看到自己的同类竟然站在了有着锋利牙齿的鳄鱼头上,还欢快地跳跃着、飞舞着,它很是羡慕。同样为鸟类,怎么差距就这么大呢?小鸟很不服气,于是就模仿另一只小鸟,也来到鳄鱼头上,然而它却没有另外一只小鸟幸运,只见鳄鱼毫不犹豫地把这只鸟吞下了肚里,它到死都不明白,自己怎么就成了鳄鱼送上门的美餐。为什么自己不可以像另外一只鸟一样,可以自由自在地在鳄鱼嘴里钻进钻出?

然而它有所不知,这另外的一只鸟叫鳄鸟。它是鳄鱼的

"牙医"。在水域中凶猛的动物,鳄鱼算是其一,可是它却与鳄鸟结下了很深的友谊。鳄鱼的武器就是牙齿,所以它很在意自己的武器,这可以保证它有顽强的战斗力。这是鳄鸟给予鳄鱼的承诺。饱餐之后的鳄鱼,多会慵懒地躺在水畔闭目养神。这个时候,鳄鸟就会成群结队地飞来,啄食鳄鱼口腔内的肉屑残渣。在这个过程之中,它们彼此达成了一种默契,并获得了一种双赢,就是鳄鱼的口腔由鳄鸟来帮它清洁,与此同时,鳄鸟也获得了鳄鱼牙缝中的肉丝,填饱了它自己的肚子。

这个交易的过程,一直在隐蔽地进行着。死去的鸟不会知道,没有为鳄鱼充当"牙医"的本领,就不要靠近鳄鱼半步,尤其要远离它那锋利的牙齿。

"冰山"是不可以用来做"靠山"的,没有它想的那么简单;邀功与炫耀之间的距离,也并非如它想象的那么近。它被能够在锋利的齿尖跳上跳下这种假象所迷惑,这只是一种表象,它并没有透过这层表象而看到它们之间的合作关系。

生活之中,人与人之间的关系又何尝不是如此?偶尔也会陷入"盲目羡慕别人"的状况。就如羡慕别人的权势,透过表象,你可知道在这权势之后,多少做人的尊严牺牲掉了,多少健康的生活舍弃了。人们单单看到的是，那些权势的主人站在鳄鱼的牙齿上，看到他们煞有介事的模样，而背后的他们到底为鳄鱼做了些什么你并不知道。羡慕别人的财富，这财富背后是否带有原罪你并不知道，也无从了解他们是否背叛了友情，放弃了爱情，疏离了亲情。

有位爱车的先生，开"QQ"的时候羡慕"桑塔纳"，后来开上了"尼桑"，又羡慕"宝马"。此时，他已经想明白了，就算他努力一生开上了"劳斯莱斯"，而这又未必就是尽头……所以，他不再羡慕。

生存之道才是真正的"冰封的火焰"。不去羡慕别人的最好方式就是使自己强大想来，让别人来羡慕自己。虽然没有挟鳄鱼的威猛以自重，可是你拥有另外一片天地，一份无拘无束、自由和自在的晴空；虽然并不能从鳄鱼的牙缝之中觅到些许的肉丝，可是你却能获得天空的宽广与蔚蓝。

害人之心不可有,防人之心不可无

如果我们能有狐狸一般的警惕之心,那么,我们会在这个社会中生存得自然、洒脱、开心、快乐,不过要切记"一失足成千古恨"的训诫,无论前方是何等的路况,我们都要处处小心自己的脚步,千万不要走错了方向。

有一只船在海上航行,有一只老鼠躲藏在它的船舱里。这只老鼠总是偷吃船夫的粮食,而且还咬坏船夫的衣物。船夫被激怒了,他恨死了那只老鼠,于是,船夫决定把它捉住,将它扔到海里去。

而这只老鼠也不甘示弱,只见它使出了绝活儿,它在船底打了个洞,然后躲到洞里去,之后再把船夫的粮食循序渐进、一点一点地搬到洞里藏起来。故事的结果可想而知。

老鼠终归是老鼠，它并没有想到，一旦船底破了洞，那么人、船、鼠三者俱毁，反倒害了自己的性命。

不管在什么时候，你都不要想着去危害别人，因为害人就是害己。

中国矿大读大一的学生常某，性格内向，因为其他三位同学平时不喜欢和他一起玩而心存不满、怀恨在心，他认为受了冷落，竟然往三名同学的水里投毒。

据同学反映，他平时的同学关系就比较紧张，时常怀疑同学对他另眼相看。由于他对化学知识有所了解，遂悄悄将"铊"投入水中。然后，等这三名同学晚自习结束后，回到宿舍，喝下带有"铊毒"的矿泉水。他既危害了别人，又使他自己的内心受折磨，更使他的行动危及他自身，断送了美好前程。

虽然我们没有害人之心，但却不能保证别人不会来伤害你。所以，我们要保护好自己，遇人遇事多思量。学一学富有智慧的狐狸。

有一只生了病的狮子，藏在洞穴之中呻吟。周边的小动物听到了它的痛苦呻吟，都相继进入洞中去探视它。这时，聪明的狐狸来到了它的洞穴前，谁知道那狮子的呻吟声越来越大，十分可怜。当它正想进洞时，又再三地思量了一下。它突然竖起了耳朵,把正欲跨进洞穴的前脚收回,在洞外来回踱步。

这时,那生病的狮子问道:"狐狸啊!你怎么不进来呢?"狐狸镇定地问道:"为什么我只看见一些往洞里走的动物脚印,却丝毫没有走出来的脚印呢?"

从这里我们看到了,任何事情都是进易退难,只有掌握谋定而后动,才是明智之举。如果选择率性莽撞而行结果只能把自己置于骑虎难下的悲惨境地。

这里的警惕并不是多疑,而是在尊重事实的基础上做出正确的判断。这种智慧,生活之中不可缺少。在这个纷杂的社会中,处处充满了陷阱,或深或浅、或明或暗,比比皆是,所以,我们只有时刻保持警惕的心,才可以免受伤害。

这就需要我们时常训练自己对环境的观察力,不断地提高观察社会的敏锐度。即使面临险阻,也能够迅速地做出调整,让这种险境远离自己。

近恶者沾恶习，近善者习修美德

> 获得智慧需要以青春为代价，要想用少的青春换得更多的智慧，就是去接近智者、贤者、善者。

生活在一个鲜花盛开、温暖和谐的地方，比住在嘈杂的，人人都怒气冲天的环境中要开心很多。环境是你一生的土壤，蕴含着巨大的能量，你可以随时随地从中不断汲取养分和能量。要善于利用天时、地利、人和的环境因素，这些都是自己生活和成长的资本。

鹦鹉妈妈有两个宝宝。一只叫大宝，另外一只叫小宝。有一天，鹦鹉出去寻找食物的时候，大宝和小宝被一个猎人抓走了。小宝和大宝在猎人家被困了一段时间。有一个阴雨天，大宝趁猎人不注意就逃出了他的家；而有了前车之鉴的猎人把小宝关进了笼子里,每天除给它喂食之外,还教它讲一些话。大宝从猎人家逃跑后,它想回家告诉妈妈,然后营救弟弟,可是它并不知道回家的路,它成了一只无家可归的小家伙。已经好几天没有进食了,它晕倒在乡间的小路上,这时有一位仙人恰巧从这里经过,看到奄奄一息的大宝,仙人把它带到自己隐居的地方,同样喂它东西吃,教它说话。

有一天,国王和他的士兵出外狩猎,正好途经猎人居住的森林。国王为了追一只鹿,所以他的马带着他离开卫队,后来却迷路了。当国王来到猎人的住处时,笼里的小宝看到国王来了,就立刻发出了一种乱七八糟的声音:"快醒醒、快醒醒,主人呀!把他逮住!把他杀掉!杀掉!有一个人骑着马跑来了。"国王听到了这只鹦鹉的话,震惊之余立即勒住了马,并且向另一个方向走去。

当国王来到一个比较幽深的树林时,到处充满了安静祥和的景观,这里面有仙人居住,他们在这里修身养性。当它抬起头时,霎时发现了树上栖息的鹦鹉,大宝一见国王开心地说道:"欢迎,欢迎,欢迎远方而来的客人!请您喝点泉水,吃点甜果吧!仙人们呀!在这繁茂的树底下,请你向客人献洗脸水致敬吧!"

当听了这只鹦鹉的话后,国王睁大了眼睛,他的心里非常吃惊,不可思议地想:"到底是怎么一回事呢?"这时候仙人来到了国王的面前,向他献上了清凉的泉水。国王问仙人:"这只小鸟为什么如此的亲切有礼貌,而我在另一片树林中看到和它一样的鸟,那一只却十分可怕,它看见我后就喊要逮住我,还要杀掉我,这是什么原因呢?"仙人见国王这样问,就把大宝小宝两兄弟的遭遇告诉了国王。

这时国王大悟道:"近朱者赤,近墨者黑。近恶者沾恶习,近善者习修美德。"

用微笑化解不满和指责

在微笑面前,所有的不满与指责都会被化解。它是世上最美丽的花朵,有着无穷的魅力。所以,当你想取得别人的谅解时,不妨带上微笑,如果一次微笑不见成效,就来第二次。要把微笑当成一种习惯,这种习惯会使你受益无穷。

我的一位表姐是空姐,每每看到她时,总是给我会心的一个微笑,不禁让我陶醉其中,我在想,她为什么能够时刻保持微笑呢?她就没有不开心、烦恼的时候吗?怎么能够每时每刻都能笑得出来呢?出于好奇心的驱使,一次,我就向她问道:"姐姐,为什么你总是能笑得这么开心呢?你就没有难过的时候吗?"她又回以我一个美丽的微笑。于是,她给我讲起了她

第一章　微笑是一朵善良的茉莉花

工作的一段经历。

　　一次，一位乘客请求她给自己倒杯水，用来吃药（在飞机起飞前）。姐姐很有礼貌地说："先生，当飞机飞行平稳后，我第一时间把水给您送去。现在为了您的安全，就请您稍等片刻。"

　　一刻钟后，飞机进入了平稳的状态。这时，一阵急促的服务铃声响了起来，姐姐才想起来：那位乘客让她倒水的事情。这次完蛋了，她竟然给忘记了。当她走到客舱时，看到那位乘客脸上面无表情。姐姐小心翼翼地把水送到那位乘客跟前，并且面带微笑地对他说："先生，十分抱歉。由于我的疏忽，延误了您吃药的时间。真是对不起。"乘客十分愤怒，抬起左手指着手表大声地说道："看看几点钟了，怎么回事，有你这样服务的吗？"当时，姐姐心里感觉特别委屈，在她的手里还端着一杯水，不管她怎样地努力解释，这位乘客就是不肯原谅她。

　　之后，每当姐姐去客舱为乘客服务时，她总是特意走到那位乘客面前，细心地、面带微笑地询问他是否需要水，是否需要其他帮助。可是，挑剔的乘客置若罔闻，他的气并没有消。

　　快要抵达目的地前，挑剔的乘客让姐姐拿给他留言本。十

> 输掉了一切，也不要输掉微笑

分明显，那位乘客要投诉姐姐。姐姐只能把委屈放到肚子里，为了不失职业道德，她非常有礼貌地去见他，她面带着微笑把本子交给他，说道："真是对不起，先生。请允许我再次向您表示真诚的歉意，我欣然接受您的批评！"只见那位乘客的脸色有些缓和，动了动嘴，似乎准备说什么，最后却没有开口。当他接过留言本后，就开始在那上面写了起来。

几分钟后，飞机安全着陆后，乘客都陆续地离开了机舱。这时，姐姐的内心无比低落，她以为一切都完了。可是令她十分震惊的是，当她打开留言本时，她惊奇地发现，本子上并没有写投诉信，而是一封热情洋溢的表扬信。

这位乘客最终放弃了投诉，原因何在呢？

信中写了这样一句话："在这件事情的整个过程中，您向我展露了十二次微笑，足以看出您的真诚的歉意，这些都深深地打动了我，所以我最后决定将投诉信写成表扬信！年轻人，你的表现很出色。如果下次还有机会，我一定还乘坐你们这趟航班！"

第二章

微笑是一朵快乐的向阳花

第二章　微笑是一朵快乐的向阳花

微笑是一朵快乐的向阳花

　　快乐是人心中的福田，只有不断地去耕耘它，才能收获幸福。它在你我的心中，不必在大千世界里苦苦地寻觅、求索。

微笑，你是一朵向阳花；

给人以甜蜜温馨的祝福。

你紧跟着太阳的节奏前行；

把你的温情与关心无私地流淌。

你把快乐作为自己的朋友；

把它介绍给更多的友人分享。

你是那圣洁美丽的天使；

无心地点亮人们的希望之灯。

输掉了一切，也不要输掉微笑

你是一切力量的源泉，

永远滋润着那些干枯的心灵。

一个快乐的人，他的外部表现为微笑。因为他快乐，所以他不怕孤单，不怕被别人误解。快乐与心灵肉体是不可分的关系，当人快乐时，做事情时会做得更好，感觉更舒服，身体更健全，甚至思维会变得更加敏锐。一句荷兰的格言曾这样说："快乐的人永不邪恶。"而且经过科学家的实验证明，确实如此。

快乐不需要任何的借口，它纯粹是内发的一种感觉，它的产生不会受外界事物、外部环境所左右，它是一种思想，更是一种态度。萧伯纳曾说过"如果我们感到可怜，很可能会一直感到可怜"。所以，在生活中遇到不开心的事情，我们也要保持快乐的习惯，因为习惯是我们自己来养成的。从今天起，要把那些不快乐的坏习惯摒弃，迎接快乐的好习惯，让它驻足你的心田，假以时日你会发现，原来拥有快乐是件很幸福的事情。

每个人都像是一块磁铁，当你身心愉悦、喜欢自己、对这个世界充满爱心与善意时，那些美好的事物自然而然地被你所吸引；相反，当你悲观、失落、抑郁、厌世，做什么都提不起兴趣时，所有负面的情绪就相继而来。幸运与霉运只在人的一念间，在于你如何运用你的内在的磁力去吸引它们。

第二章　微笑是一朵快乐的向阳花

有的时候，快乐的滋味并没有想象中的美好。每个人对于快乐的理解都会有误差。快乐是一种情绪，大家都知道，情绪并不是一种可以持续拥有的东西，比如说恐惧是一种情绪，但是你不会想一直拥有这种恐惧。闭上眼睛，想象一下什么会让你快乐，豪华的住宅、奢华的名牌跑车、浪漫的巴黎之旅、美味的大餐、性感的美女……当我们追求这种快乐的目标时，通常你对快乐的预测都有程度上的误差，不是只有物质才会带给人快乐。

输掉了一切,也不要输掉微笑

生活是你选择的结果

>你想同水母一样,在无意识间一张一缩地过一生吗?

当我们小的时候,可以选择不同的游戏;当我们上学的时候,可以选择不同的知识与爱好;当我们选择朋友的时候,可以选择不同的观念与理想。长大以后,小到选择事业的奋斗方向,大到选择一生的事业与命运,选择生活的伴侣。不同的选择会影响你的生活质量,甚至会影响你一生的幸福。人生的旅途中,处处充满了选择。

在很久以前有一位非常睿智的老人,他独自一个人住在一个小镇的街道尽头处。由于他能解答同镇人的问题,所以人们有什么问题都愿意向他请教。有一天,有一个聪明而又调皮的孩子,在山林里捉到了一只小鸟,把它握在手里,他想要故意

第二章 微笑是一朵快乐的向阳花

为难这位老人。只见他来到老人面前，调皮地说："亲爱的老爷爷，我听大人们说，您是一位很有智慧的人，可是我却一点儿也不相信。如果你能够回答我这个问题的话，我就相信了。你能说出我手中的小鸟是死的还是活的吗？"

智者看着小男孩儿狡黠的眼睛，他心中非常清楚，一旦他说小鸟是活的，这个小男孩儿就一定会使劲把小鸟掐死；一旦他回答说是死的，小男孩儿就会张开双手让小鸟飞走。于是，智者充满慈爱地拍了拍小孩的肩膀，语重心长地笑着对他说："这只小鸟的命呀，全听你的，你决定它的死活。"

有一位年轻人，在商场刚买了一双心爱的鞋子。可是，当他坐上公交车后，想一睹"爱鞋"的风采。突然，他发现少了一支，一定是走在路上时，不小心给丢了。他毅然地把另外一支鞋子扔到了车窗外。众人都很不理解他的做法，可他自己却像是很开心的样子。当有人问他为什么要这样做时，他简单地回答说："我留下一只，也没有用。当我给它扔出去时，或许那个人还能够捡到，他不就能有一双了吗！"

我们每个人的生活圈子都是一个小世界，在我们的小世界里你总会发现，为什么有的人不论做什么事情都能够成功，他们挣了很多的钱,过着高品质的生活,有健康的身体和良好的人际关系。而更多的人则忙忙碌碌,却只能为了生计整日奔波,两个人的智力有很大的差别吗?答案恰恰相反,科学统计,人们的智力差不多,智力超常与智力低下的都占极少数,不到3%。

就像上面的故事中所提及,当智者选择回答其中一种答案,他都不能称其为智者,而且小鸟也有面临死亡的可能。智者选择最好的方式回答,也就取得了最好的效果。年轻人选择了丢弃鞋子,也把烦恼抛之脑后。可见,选择在我们的生活之中有着何其重要的地位。

很多即将走到生命尽头的人,当他们回头审视自己的人生时,突然发现,有一个问题他们从来没有问过自己:"这是谁的人生?""天哪!我们为谁而活?"但愿我们的人生少一些这样的慨叹。

第二章　微笑是一朵快乐的向阳花

快乐无条件

> 快乐是没有条件的，获得快乐也很简单。如果当下不能获得快乐，那么你永远也不会获得快乐。

2008年在北京，有关部门向全社会发起了微笑倡议，呼吁所有人积极行动起来，从一个微笑开始，用微笑表达情感，用微笑传递友谊，用微笑传播文明，用微笑构筑和谐，为举办一届"有特色、高水平"的奥运会和构建社会主义和谐社会营造良好的社会氛围，由此拉开微笑主题活动的序幕。

社会之所以如此重视微笑，是因为它有力量，它有着能够把一个人的快乐传递给另一个人的力量，它是有形的，同时也是有力的。一个会微笑的人，也是一个快乐的人。要想快乐，首先要充分地挖掘我们的快乐因子。

著名的心理学家马修·杰波曾经说过："快乐纯粹是自发的，它的产生不是由于事物，而是由于不受环境拘束的个人举动所产生的观念、想象与态度。"拥有快乐是没有条件的，如果你想要体会生活的乐趣，你就能够去找到，去快乐地追求。每一天都满足地享受既有生活，是对快乐的最好诠释。百万富翁也会有他的苦恼，一贫如洗的人也会有他的快乐。生活的中心目标应该是享受生活，每一天都是新的、每一天都是特别的、每一天都是不可重来的。快乐是人心境上永远的晴天。

生活中让人不快乐的事情有很多，有许多人认为等我有了爱情就不会再孤单了，等我们家的孩子上大学了我们老两口就能快乐，等我赚了大钱我就快乐了，等我到60岁退休的时候，只要在躺椅上晒晒太阳，我就快乐了。可是你有没有想到，即使你有了爱情，也不能够有十足的把握保证它就一帆风顺、没有坎坷，那需要两颗契合很好的心灵。儿子上大学，老两儿口就快乐了？未必，你们还会为他将来的工作、组建的家庭而担忧，怎么会快乐呢！如果金钱能够给你带来快乐，为什么那些富翁都摆脱不了烦恼的困扰呢？不用等到退休的时候再去晒太阳，此时的你就可以去呀！何必要等到退休呢？在解决外在问题的条件下产生的快乐只是一种似是而非的快乐，当你把一个

第二章 微笑是一朵快乐的向阳花

问题解决了，接踵而来的会是另外一个问题组成的，生活就是大大小小一连串的问题。如果要快乐，现在就必须快乐起来，不要"有条件"地快乐。我们要知道快乐并不是挣来的东西，也不是应得的报酬；它是没有条件的。同时它也是真实的，是内发的，除非获得你的允许，没有人能够令你苦恼。

莎士比亚在《奥赛罗》中这样写道："快乐和行动，使得时间变短了。"不论时间的长短，让你的时间充满愉悦的铃声。对于认为快乐并非生活中一部分的人应该一笑置之，因为他们是无知的一群。但是你也要原谅他们，因为他们不像你这么睿智聪明。你是选择做个无知的人，还是做个睿智聪明的人呢？

我们心中的墙

得意时,把别人的赞美储存;用来抵挡敌人射来的箭。别人用来攻击我们的言语,或许会成为有用的建议;就像印第安人将那"焚"人的阳光留给寒冷的夜晚一般。

有少数的印第安人生活在靠近沙漠地区,这里的气候非常特殊。白天,炽热而火红的太阳经过热量的累积和沙石的反射,足可以把人活活地烤死;而到了夜晚,在毫无遮拦的环境下,那旷野中寒冷肆意泛滥,足可以把人活活地冻死。

虽然这种沙漠气候无比的凶残与可怕,可是这些印第安人依然安稳舒适地居住在这里。也许,他们的建筑有着逢凶化吉的功用吧!

这里的墙,厚度恰到好处。这种向阳的墙壁,在白天,并

第二章 微笑是一朵快乐的向阳花

不能被炽热的艳阳晒透，当要热透时，夜晚来临了。在外面，那是酷寒难耐。可是在屋里，却是一片温暖。因为经过白天晒热的土墙，正慢慢地散发出它储存的热量，这是他们的独门秘籍，是经过特别设计的。

假如这里的墙薄一些，室内的白天，就如同火炉，到了夜晚更不能散发足够的热力。假如这里的墙厚一些，虽然可以抵挡白天的炎热，可是到了夜晚就会因为透不过热力，而使室内一片寒冷。所以，这墙必须不厚不薄。

生活之中，我们每个人都要有这么一堵墙。这墙就像是我们生活之中的名与利，好与坏，黑与白，快乐与悲伤，成功与失败，得意与失意。有很多事情，都有它的两面性，我们不但要从正面看，也要从背面看。这样才能发掘真相，探索事情真正的原委。名成利就，可谓是人生的最佳状态，对我们的内心有一份抚慰，对我们自己的人生似乎也有所交代。可关键是"名利"对于我们来说就是一个无边无际的陷阱，一旦陷入，就无法自拔，被名利的缰绳紧紧锁住，没有脱身之日。我们要"知足不辱，知止不殆。"

当我们面对快乐与悲伤时，先知纪伯伦说："你欢笑所升起的井里，往往充满了你的眼泪。悲伤在你心里刻画得越深，你就能包容越多的快乐，你快乐的时候，好好省察你的内心吧！你就会发现曾经令你悲伤的，也就是曾经令你快乐的因素。其实令你哭泣的，也就是曾给你快乐的。"

叔本华说："人活在世上是痛苦的，它就像钟摆一样，向左向右都是痛苦的，而唯独停留在中间却是快乐幸福的，然而又十分的短暂。想要真正获得快乐的那一天，或许只有到生命的尽头，它才会完全停留在中间的位置。"

我们为什么不把痛苦和快乐调换一下位置呢？当钟摆向左向右时，我们是快乐幸福的，当它停留在中间的时候，是痛苦的。它是何其短暂，似乎根本就没有留下任何痕迹。人生的旅途，我们需要有趋利避害的大智慧。当你失意时，千万不要只看到负面的，有时候失败与挫折只是一种人生的体验，唯有通过这一层层的试验，你才能看见成功的果实。

最好的一个柚子

在这个世界上,我们每个人都是独一无二的。所以你要始终对自己说:"我是第一。"要知道,这种自信是一种鼓舞性的暗示,它能坚定你的信心和勇气,并使你的个性得到有力的强化。加油,朋友!去做最好的自己。

我喜欢吃柚子,而妈妈却不喜欢吃,有的时候我反复地劝说她,这个柚子里面富含维生素C,它可以促进人体的新陈代谢,还可以延长人的寿命,增强肌体对外界环境的抵抗能力和免疫力,可是妈妈却强调说:"它再好,我也不喜欢吃,因为我根本就不喜欢它那又酸又涩的味道。"

虽然我感觉有些遗憾,但是妈妈的话却让我突然有了另外的想法。是的,作为一个柚子,即使是再好的柚子,也照样会有人不喜欢它。

选择你所爱，爱你所选择。在这个世界上生活的每一个人，都会有自己的所爱，就像是工作有三百六十行，通往罗马的道路有千千万万条一样，诸多问题的答案并不是单一的，它是千奇百怪，纷繁复杂的，都有其选择性。人为所制造的世界看似确定，然而真实的世界恰恰是那些不确定的世界，任何一件事情的变化都有N种可能。

因为大家都已经习惯了有现成答案的世界，所以，人们都按部就班地喜欢欺骗自己说："那答案不是早就存在了嘛。"

一旦遇到不被别人接受时，就会感觉到苦恼。总是习惯性地把错误揽为己有，就会时常地在心里暗想："也许我并不是一个好的柚子。"正是在这种种的沮丧之中，让我们缺失了对自己的信任，总是让自己活在他人的眼光中，这只能使你原地不动，失去了前行的勇气，即使有勇气也只是匍匐前行，而不是奔跑着前进。

我想说的是，如果全世界所有的人都不认同你的话，这确实是你自身出了问题。可是如果只是很少的一部分人对你有非议，你就真的没有必要在意这些。因为你不能，也不用去做一个人人都喜欢的柚子。

第二章 微笑是一朵快乐的向阳花

在生活中，如果遇到他人对你自尊和自信的打击时，他人对你工作上的责难时，他人对你学习上的嘲笑时，他人对你爱情中的被遗弃谈笑时，你理所当然会感觉到难过。因为这些确实都是人生中很残酷，也很难接受的事。在某种程度上讲，你的自尊心和自信心是最脆弱的东西。你会怀疑自己："是不是我真的这么差啊？"而后这种消极的情绪会使你沮丧，甚至一蹶不振。人生苦短，何必要自己为难自己呢？

当别人打击你时，你可以把这当成是对你的激励，或者索性当没有听到。当别人对你工作责难时，你可以欣然地接受，因为这对你的能力也会得到一定的锻炼。当别人对你在爱情中被遗弃而谈笑时，你可以想下一段爱情会更美好，而且这正说明两人彼此不适合，这正是应了那句"塞翁失马，焉知非福。"

既然你无法做一个人人喜欢的柚子，那么，你只能努力去成为最好的一个。

输掉了一切，也不要输掉微笑

距离的美好

人与人之间，太过疏远难免会产生生分之感，太过亲近的关系往往又是最脆弱的，没有适中的距离就不会有真正的朋友。只有那些懂得把握最合适距离的人，才会握有最完美的生活。不会因为和别人走得太远而感觉陌生，也不会因为走得太近而受伤。

世上与我们亲近的人，就是那些与我们有着浓浓情感关系的人，与你有着亲情、友情与爱情关系的人。可是，有时恰恰是事与愿违，由近而远、由爱生恨。那么，这世间的奇妙情感是被什么魔力所点化了呢？

虽然并没有所谓的魔力，但却有一定的规律可循。

有一位生物学家，他在高原上生活多年，其目的就是为了

第二章　微笑是一朵快乐的向阳花

研究狼群。功夫不负有心人，最后，他终于发现，狼群是以一个半径为15公里的场地为活动圈生活。如果把三个狼群之间的活动圈微缩并画到图纸上，你会惊奇地发现有一个特别有趣的现象，这就是呈现在你眼前的是彼此既不隔绝，又不完全相融的三个交叉的圆圈。或许，在狼群内部，它们在划分地盘时都会留有一个公共区域。在这个图上显示的就是相交的那部分，这一部分为它们提供了相互杂交的可能性，而那些不相交部分又使它们保有自己群体的个性。一旦某两个活动圈发生重合的状况，那么就会有一场激烈地厮杀。而如果这些活动圈彼此相离，导致的结果是"狼种"的退化。

这种"交叉圆"的关系，向人们展示了一种艺术，一种与自己亲人相处的情感艺术。与人的相处，就像是两个相交而不重合的圆一样。彼此相互交叉的部分是两人共同的世界，在这里可以尽享亲情的甜蜜与温馨，而不相交的部分则是彼此独有的天地，那里面的色彩是自己去填充的，有一定的个人选择性与隐私性。所以说，即使是再亲密无间的两个人，也不要慷慨地将自己的全部拱手让出，也不要因为一时的口舌矛盾而无限量地扩大它。一旦两个圆没有了应有的距离，它们的阴影就会无限量地加重。试想，在这种沉重阴影的笼罩下，无论是放弃还是获得，都是一种疼痛和悲壮的感觉。

而它也正如两只刺猬的相处一样，两物相隔得太远，会有寒意不断地向它们袭来，所以它们就会不由自主地靠近，用以相互取暖。然而，它们却无法忍受来自于对方的长刺，来自于自己深深信任的、充满期待的对方，不得已，它们只能选择分离。就这样，一次又一次，反反复复，周而复始，它们在刺与被刺的痛苦之中徘徊挣扎。经历了无数次的分分合合，聚聚散散。最后，它们终于找到了适合彼此的位置，既能够相互取暖，又能够不被对方刺伤。

生活之中，任何一个人都需要有自己独立而又自由的小天地。即便是那些关系特别亲密的人，比如说父母和子女，交心的好朋友，丈夫和妻子等等。在这里的距离是一种人际互动的距离，它是自己对别人在态度上的一种表现。再交心的朋友，无论多么志同道合，也一定要给彼此留有空间。因为毕竟你们是两个独立的完整的个体，所以不可避免的是，你们会有自己不同的生活方式。留有距离的目的，是防止你们的友情陷入一种尴尬的境地。

与朋友的相处，就像是在欣赏一件艺术品。你离它太近，虽然看得真切，但没有深意。因为你看到的是一块块斑驳的颜料，既粗糙又没有美感。你就不会欣赏到朋友身上的闪光点。而你离它太远，就会看不出所以然，只有在一定的距离之间，你才会看到一幅精美的艺术作品，也会让你们的友情有如艺术品一样的价值，精美而持久。

人生之中的期待

自卑的心理每个人或多或少都会有一些，羡慕别人的心理每个人也都或多或少有。因为一个人不可能永远都充满自信，关键的问题是，我们如何走出自卑的阴影。每个人都会超越自己，从平庸变得杰出。就像一首诗中所说："你站在桥上看风景，看风景的人在楼上看你。明月装饰了你的窗子，你装饰了别人的梦。你又何尝不被别人羡慕呢？"

有一对兄弟，哥哥是知名企业中位高权重的人物，弟弟则是一名摄影师。

他们生活在同一个家庭里，却有着截然不同的个性与口才。从小到大，哥哥都很会说话，也有着出色的领导能力，学习好，多才多艺，运动方面也很棒。而弟弟呢，他们两人同上

第二章　微笑是一朵快乐的向阳花

一所学校，低哥哥一个年级，他的压力一直很大。因为老师都会对他这样说："原来你就是××的弟弟，看看你哥哥如何优秀"。

不仅是在学校，就连在家里一样会让弟弟有压力，只要闯一点儿小祸，就会被妈妈说："你看你，就不能跟你哥哥学学吗？他可从来都不会让我操心。"即使是拿了中上的成绩单回家，也不会得到爸爸的肯定，只会看到他摇摇头说："奇怪了，为什么你哥哥不怎么念书，就能拿到好成绩，读书有那么难吗？"

并非弟弟学习不努力，只能说无论他怎样努力，都无法获得与哥哥同等优秀的殊荣。十几岁时的他有点愤世嫉俗，后来，他倒是喜欢教训起哥哥来。而且总是讥讽地对哥哥说："你呀！早晚有一天会变成聪明反被聪明误的。"尽管在他的内心深处，时刻以哥哥为荣。

一直以来，哥哥都像是一座明亮的灯塔，光芒四射。弟弟则是虚弱的烛火罢了。最为尴尬的时刻是弟弟连一所公立的高中都没有考上，而当时哥哥竟然考上了明星高中，最后考上了名牌大学。

后来，父亲无奈地说："既然如此，只要家里有一个人读了大学，我就不算辜负老祖宗了。"弟弟喜欢艺术类的专业，最后，他便选了自己感兴趣的美工科。

大学毕业后，哥哥又相继读了硕士，工作时进入一家电子公司，位高权重，他的父母都引以为豪；而弟弟毕业后，又发现他对摄影比较有兴趣，于是就到几家公司去应聘，选择了一份摄影师助理的工作。再看看父母对他的态度，如同已经放弃了他，对他不管不问，好像希望他自生自灭一样，只要他能自食其力就行。

几年后，弟弟通过自己的努力，当上了著名电视公司的资深摄影记者。工作十分繁忙，他为了追逐新闻，每一天都来去匆匆，与哥哥的联络一向很少。在弟弟29岁这一年，哥哥离开了平常没日没夜忙得不可开交的科学园区，独自一人回到家中，对弟弟说："以后父母就要拜托你来照顾了，昨天我辞了职，准备去法国学习现代艺术。"又用平静深沉的语调继续说道："我早就已经厌倦了现在的生活，一个月前，因为过度的加班我差点过劳死。当时，我昏倒在办公室里，被送到医院后，我才醒悟到，

第二章　微笑是一朵快乐的向阳花

人生有限,我不能一直失去自我,都已经30岁了,我要为自己活一次。走一条我自己真正想走的路。我留下来的股票够给父母养老,以后二老就要你来照顾一段时间了。"

听到哥哥这一席话,弟弟感觉十分震惊,而更令他惊奇的是,哥哥的梦想竟然是学习现代艺术!

哥哥,这个英明的不可一世的人,难道不是在为自己活?优秀的他,应该有许多选择的权利,难道不是吗?

哥哥坦诚地说:"不是你想的那样,只能说我一直在为别人而活,我活在别人的期望下,哪里会有办法做我自己。"又继续说道:"很久以来,我就很羡慕你可以选择自己喜欢的事情做,可以念美工科。记得当时看你在赶美术作业时,我是既羡慕又嫉妒你,看看你多好呀,可以自由地选择做自己感兴趣的事情。你那么开心,那么快乐。"

弟弟听了这些话,有三分的骄傲,又有七分的心酸。令他感到骄傲的是,自己也曾经让自己心目中的英雄暗暗羡慕过;令他感到心酸的是他深深地知道,如果不是因为哥哥比他优秀那么多,把父母那么多的期望独自承担,现在他也不能安安稳

> 输掉了一切，也不要输掉微笑

稳地做自己。

弟弟感慨万千地对哥哥说："我终于明白，不被重视有不被重视的舒适与快乐。虽然我一直是在你的阴影下乘凉，当初我却只会抱怨是你的存在把属于我的阳光都给遮住了。可是我并没有想到，如果没有你的存在，我一定会被晒伤的。"

第二章　微笑是一朵快乐的向阳花

快乐地放下

生命中本来就有太多的沉重，我们应该放下一些包袱。学会放下，学会比较，学会知足，我们才能快乐，才能幸福。每个人都有自己的想法，怎么想是由自己决定的。同样，每个人都有自己的快乐，想不想快乐也是由自己决定的。自己的想法由自己来安排，自己的快乐也由自己来安排，这样才能拥有快乐的生活。

都说婚姻有"七年之痒"，可是对于小李来说，刚刚经历了三年就已力不从心。他整日焦虑重重，有好长的一段时间，事业家庭都不顺心，他变得易怒、嫉妒、浮躁，担忧许多的事情。这种烦闷的心情困扰了他很长时间，不知道应该如何解脱。一天，领导把小李叫到他面前，对他语重心长地说："年

输掉了一切,也不要输掉微笑

轻人,是不是生活中遇到麻烦了,为什么每天如此沮丧?我放你十天假,你去附近的山上,陪老师傅生活十天时间。或许,这对你会有所帮助。我希望十天后能看到一个别样的你。"

小李一头雾水,但又不知道应该如何回绝,只能按领导的意思行事。他回到家,告别了妻子,便一个人前往山上。当他来到禅房里,看到了位面带慈祥、超然、忘我的一位禅师,面对他,小李把自己所有的困惑和烦恼一吐为快。听到最后,只见老禅师淡定地笑笑,然后他伸出右手,握成拳头状,而且还要小李照做,"你试试看","再握得紧一些"。当小李把拳头捏得越来越紧时,他的指头几乎被攥进了手心里。

"你有什么感觉?"老师傅慈祥地问小李。小李感觉到一阵茫然,无奈地摇了摇头。

"你可以把拳头伸开了。"当小李伸开手掌的时候,老禅师又顺势把一枚青枣和一片玻璃碎片同时放在了小李的手中,"把它们握紧。"老师傅说道。小李继续把青枣和碎片握在手心。"请你握紧一些,再紧一些。"到了最后,小李痛苦地说:"我的手都快要被割破了,不行了。"小李只感觉手掌突

第二章 微笑是一朵快乐的向阳花

然间传来一阵钻心的疼痛。"快把拳头松开!"老师傅突然说道。当小李舒展开手掌时,被眼前的手中的情形吓了一跳,只见,他的手掌有一些微红的硌痕,那些玻璃碎片已深深地扎到青枣里面。"现在,你把碎片取出来,然后丢掉它吧。"

小李犹如醍醐灌顶,瞬间一切都明白了,他的事业和生活就像那颗青枣一样,而生活中经常困扰着小李的那些嫉妒、浮躁、忧虑……就是这些玻璃碎片。

老禅师看了看小李脸上的表情后,欣慰地笑了。说道:"施主这次没有白来呀!看来,你已有所领悟。生活中的万事万物,都可以用这青枣和玻璃碎片来比喻。你什么都不取的话,就会空握拳头,用再大的力气,也只是徒劳,终将一无所获。生活中那些美好的事物,就是青枣;而那些令人烦恼、忧虑的事情,就是玻璃。人生在世,哪能不遇到烦恼的事情呢?玻璃会与青枣一样,始终如影随形地伴你左右。所以,你要及时将青枣中的碎片取出来。"听了禅师的一席开悟之语,小李豁然开朗。

生活之中,首先要能够分辨得清哪些事物是"青枣",哪些事物是"碎片",其次应该从青枣中取出碎片,再次要寻找生活之中更多的"青枣",舍弃那些无足轻重的"玻璃"。或许,真正做到并不容易,但首先我们总得拿出勇气去做吧。

第二章 微笑是一朵快乐的向阳花

幸福深处

幸福是一种感觉、一种心境。它根本不能用人造的机械定格，也无须用底片来证明，更不必向任何人展示。你感觉到了，便是拥有。富翁不见得就比渔夫更幸福，捡破烂的与大明星完全可以拥有一样的幸福。你发现幸福的所在了吗？幸福的秘密就在于欣赏世界上所有的奇观异景的同时，没有忘记盛在汤匙里的两滴油。

"假如你突然拥有了100万元，你会怎么办？是马上退休回家享清福，还是用钱生钱，继续做你的工作，用于赚取更多的钱？"类似这样的问题，先不必着急回答。当你在做出选择之前，先看看下面这个关于"两滴油"的故事。

有一位年轻人，很想知道人生中"幸福"的秘诀。这种思想困扰他很长时间了。有一天，他终于鼓足勇气去远方寻找幸福。他跨越了千山万水,穿过了重重沙漠,最后,他终于来到了一座智慧之都,他也有幸看到了这里的智慧老人。

当年轻人走在这座智慧之都的街道上时,映入他眼帘的是来来往往的商贩,还有许多人们悠闲地在街上交谈,而在中心广场上有一支著名的交响乐队正在演奏着旋律优美的乐曲,旁边还有一桌飘香的美食。当他见到智慧老人后,立刻表明了自己的来意。这时,智慧老人让年轻人拿起一个汤匙,并在里面盛了两滴油,之后命令年轻人拿着它到城堡各处走走,并且细心地嘱咐他一定不能把油漏掉一滴。

过了一段时间,年轻人回来了,智慧老人上前打量,他果然没有将一滴油漏掉。然而,当老人问他有什么收获,都看到了些什么时他则哑口无言,因为他对什么都没有印象。于是,智慧老人又让他出去走走,让他留意城堡内的一草一木。

过了一段时间,年轻人回来,极其认真地描述了他对四处的所见所闻,并且汇报得十分详细,然而,当老人上前观看时,他的匙中一滴油也没有剩下。

这时,老人语重心长地对年轻人说:"幸福是什么?就是当

第二章　微笑是一朵快乐的向阳花

你在观察和欣赏世界的同时，还没有忘记你手上的两滴油！"

这"两滴油"就是目前我们所能掌握在手中的东西，它们是：家庭、朋友、亲情、国家、精神追求，等等。无论我们去做任何事情，无论我们去做任何的决定，首先一定要考虑到不同方面的求取平衡。同时，这是因人而异的。在做事情时，尤为关键的是不要让自己陷入盲目的追逐误区，千万不要迷失了自己，更不要因此而错过了人生许多美好的事情。在不同的人的平衡技巧和功力各不相同，每个人都有选择自己生活的权利。有的人会选择拼搏，为社会贡献自己的一分力量，进而推动社会不断前进，他们的选择应该受到尊重。

我们行走在人生的大道上，风景处处皆是，然而，它却最容易被我们轻易地忽略。每个人的人生之中都拥有着一路的景致，我们要学会边走边看，只有如此，才能更好地学会生活。

输掉了一切，也不要输掉微笑

简单所以快乐

　　生活本身是很简单的，快乐也很简单，是人们自己把它想得复杂了，或者是人们自己太复杂了，所以往往感受不到简单的快乐。快乐是世界上成本最低、风险最小的成功，却能给人真实的快乐。

　　从前有一个富人，他想要去寻找快乐与幸福，于是他背着许多金银珠宝踏上了他的"快乐之旅"，然而，当他走遍了千山万水才醒悟到，他还是没有寻找到快乐与幸福。他百思不得其解。

　　有一天，一位开心的农夫唱着山歌从远处走来，只见他衣衫褴褛，但自得其乐。于是，这位富人向农夫讨教快乐的秘诀。开心的农夫微笑着说："这快乐哪里有什么秘诀，你身上背着那么重的东西当然要累了，只要你放下背负的东西就可以了。"

此时，这位富人蓦然醒悟："是呀！我这是何必呢？我背着这么重的财物，把腰都快压弯了，天天还提心吊胆，住旅店怕被偷，向前行怕被抢，整日地忧心忡忡，失魂落魄，我怎么能快乐得起来呢？"

想到此，这位富人把他的行囊放了下来。他将其中的金银珠宝分别发给了经过这里的穷人，这时他感觉到前所未有的放松。他的背上不仅没有了重负，而且他看到那些穷人脸上一张张满足而又感激的笑脸，他有一种前所未有的成就感，原来快乐是如此的简单，他很感谢那位农夫的建议，让他得到了这么多的快乐。

生活中的很多时候，并不是因为快乐离我们有多么遥远，而是因为我们并不知道自己和快乐之间的距离。获得快乐并不难，相反，获得它很简单。之所以你觉得获得快乐很难，是因为我们活得还不够简单。

行囊就如我们的生活。当我们少年时，它空空如也，所以我们会感觉到无比轻松，也很容易就获得了快乐。随着岁月的流逝，我们一路不断地捡拾，将这只行囊渐渐装满了，它变得沉重了，快乐也随之消失得无影无踪。也许我们会自己认为装进去的都是一些珍贵的好东西，然而正是这些好东西，让我们在斤斤计较中无法获得快乐。

小孩子为什么快乐？因为他们容易满足，因为他简单。对一个喜欢玩儿的孩子来说，买一座金山不如买一个变形金刚让他快乐，他们思想单纯，所以很容易获得快乐。

还有那些从来不胡思乱想的动物，也很容易获得快乐。一旦它们的温饱问题得到了解决，它们就很开心。比如说：当瑞士的奶牛吃饱之后，它就会在阿尔卑斯山的斜坡上闲卧，它一边悠闲地享受着温暖的阳光，又一边漫不经心地反刍。而那些非洲草原上的狮子呢？当它们吃饱了以后，就会闭目养神，这时，即使是有羚羊从它的身边经过，它也懒得理会。

曾经有一位哲学家非常赞赏瑞士奶牛和非洲狮子的生存哲学，他曾意味深长地说："如果你的饭量只有三个面包，那么愚蠢的就是你为第四个面包所做的一切努力。"

所以说，之所以你会感觉不快乐，是因为你背负了太多的负担，有时，这些负担也是由于你的欲望所致，请你试着放下一些超重的欲望，你就会有一个新的发现，有一片新的晴空。

第二章 微笑是一朵快乐的向阳花

做个快乐的人

> 做个快乐的人并不难！即使你是一个满怀忧伤的人，把自己的心浸泡在不幸的苦涩中，沉沦悲观，无法自拔。但只要你掌握快乐的方法，调整好自己的心态，快乐会离你越来越近，你最终会发现，让快乐永驻心田对你来说并不是奢望。

快乐，是幸福生活海洋里激起的美丽浪花，是生命乐曲中振奋人心的音符，是一种积极向上的人生态度。你拥有了快乐，就能享受生活的绚丽多彩；你拥有了快乐，就能永葆青春与健康；你拥有了快乐，就能给别人带来轻松愉悦，吸引别人走向你。

只要你撇开世事的枷锁，你便可以发现快乐，重拾快乐；只要你能用一颗毫无功利的纯净之心去感受，快乐就会像雾、像云又像风一样，时刻萦绕在你的身边。

1. 不要为快乐制定条件

心理学家告诫人们，为了获得真正的快乐，千万不要为自己的快乐制定条件。别说："只要我赚到一万元，我就开心了。"别说："我只要搭上飞往巴黎、埃及、维也纳的飞机，就快乐了。"别说："我到六十岁退休的时候，只要躺在沙滩上晒晒太阳就满足了。"否则不仅会给你带来更多的压力，还会让你感觉不到当下的快乐。生活中的快乐，不应该有条件。

2. 培养幽默气质

快乐的人，应该是有些幽默感的人，这样的人能有效地传递出心中的喜悦，并感染到邻里、同事、朋友，使大家都沉浸在快乐之中。所以，你要培养幽默的气质。比如换个角度说些新颖、轻松的话，多学会几则幽默的笑话，都能让你成为一个给别人带来快乐的"开心大使"，还可以让你的人生充满乐趣。

3. 学会对自己微笑

如果你把自己打扮得很漂亮，不妨给自己一个微笑；如果你做成了一件事后，不妨给自己一个微笑。当习惯了给自己笑容，你就能够轻松地给别人微笑，就能将快乐牢牢地锁于心田，就能拥有最乐观最积极的人生。

4. 多想事情好的一面

生活就是这样，人给了它微笑，它也会回赠人明媚的心情。因此，当被阴云笼罩时，你不要忧伤，更不要垂头丧气，因为越是在负面的情绪里走不出来，就越笑不出来。而要多想想事情阳光的一面，多想点高兴的事，让自己笑起来，也许困难就会在灵光一闪的时候轻松解决。何苦为已经发生的事烦恼呢？

5. 简单、随意地生活

许多哲人告诫天下人："简单生活能够使人幸福和快乐。"随意的生活能够让人幸福和快乐，而过于追求那种自己难以达到的所谓高标准的生活，往往会让自己痛苦不堪。

6. 结交朋友

在人的一生中，可以没有金银珠宝，也可以没有名誉利益，但就是不能没有朋友。一个人如果没有朋友的友谊，就会感到孤独寂寞，不可能有快乐。因此，要想做快乐的人，就需要敞开心扉，主动去结交朋友。至于结交什么样的朋友，这要根据个人的要求去选择。对待朋友，应本着尊重、友爱、信任、互助的态度，努力使友谊纯厚持久。

7. 知足者常乐

俗话说："知足者常乐。"多奉献少索取的人，总是心胸坦荡，笑口常开。整天与别人计较工资、奖金、提成、隐性收入，老是抱怨自己吃亏的人，的确很难快乐起来。

8. 勤奋工作

勤奋工作不仅能够充分发掘人的潜能，给予人充实感，并从中获得一种被认可的自信和激情，还能刺激人体内特有的一种荷尔蒙的分泌，它能让人处于一种愉悦的状态。

9. 尝试新事物，能带给你快乐

玩一种纵横填字游戏，观察奇、特、险的东西；尝试一种新办法等等，都会给人增加快感，快乐的人每天都会做这些事情。

10. 改善坏心情

当扫兴、生气、苦闷和悲哀的事情临头时，可以去散步、打球、游泳；或者吃一颗糖，吃一块点心，让甜甜的味道回荡在你发苦的嘴里。再不行，干脆倒头睡一觉，等一觉醒来，也许会发现事情并没有你想象得那么糟，你的坏心情也就能得以大大改善。

第三章

微笑是一朵奉献的水仙花

第三章　微笑是一朵奉献的水仙花

微笑是一朵奉献的水仙花

> 生活需要我们奉献，同时我们自身也需要奉献，在奉献中完善生命，在奉献中实现人生的价值，在奉献中获得真诚和坦荡。

微笑是一种亲切而又无声的语言，是人类一种高尚的表情，是人们生活里明亮的阳光。它是一朵无私奉献的水仙花。拥有微笑的人是一个心胸开阔、无私奉献、活力四射、充满激情、心情愉悦的人。父亲的微笑，让我们勇敢坚强；母亲的微笑，让我们温情善良；老师的微笑，让我们聪慧自信；同学的微笑，让我们活泼向上。昨天的微笑，让我们想起甜蜜的回忆。明天的微笑，让我们放飞理想。今天的微笑，让我们努力地拼搏。

上帝给刚刚来到天堂的富人讲了一个故事，上帝说："从前，有一头猪从未受到过人们的欢迎，而那头奶牛却时常受到人们的称赞和喜爱。想到此，它的心里就闷闷不乐，而且还有很多的困惑。于是，有一天，这头猪对牛说：'就是因为你会每天都奉献乳酪和牛奶，所以人们才认为你无私，我并不比你差呀！我死后给他们做火腿，还有我的肉，我把自己完全给了人类，甚至连我的毛都会做成刷子。可是，却没有人喜爱我，这是为什么呢？我没有你慷慨吗？'"

这个时候，上帝问这位富人说："你能猜到那头牛是怎样回答的吗？"富人敬听上帝的下言。牛是这样回答的："我的奉献不只是在死的时候，我活着的时候仍然在奉献！"

听到此，这位富人再也没有向上帝发出"为什么人们还说我吝啬呢？我去世的时候已经将我的全部财产都捐给教堂了"这样的抱怨。那么奉献是什么呢？

奉献就是给予，一份不求任何回报的给予。奉献一种包含着崇高境界的情操，当国家和人民需要的关键时刻，有奉献精神的人会挺身而出，慷慨赴义。

奉献是李商隐笔下的"春蚕到死丝方尽，蜡炬成灰泪始干。"；是陆游笔下的"塞上长城空自许，镜中衰鬓已先

第三章　微笑是一朵奉献的水仙花

斑"；是韩愈笔下的"欲为圣明除弊事，肯将衰朽惜残年"；是诗圣杜甫笔下的"三顾频频天下计，两朝开济老臣心"；是龚自珍笔下的"落红不是无情物，化作春泥更护花"。

如果没有世界各国人民的奉献，在印尼海啸中受难的人民，不会很快在灾难中重建自己的家园。我们生命中需要奉献，它正润物无声地滋润着这个世界。

懂得奉献的人是伟大的，一个强大的民族需要全体成员的无私奉献。需要我们奉献热血、辛劳和汗水。

输掉了一切,
也不要
输掉微笑

生命感言

感谢生命,是它带给我们无限的快乐;感谢生命,是它带给我们的偶尔的忧郁;感谢生命,是它带给我们无边的伤痛;感谢生命,是它给予我们一切生活的美好。

有位老先生得知自己将不久于人世,他在日记中这样写道:

"如果我重新来活一次,我一定凡事不求十分完美,我要争取犯更多的错误。"

"对于处世我会糊涂一点,我宁愿过随遇而安的生活,这样我就会多一些休息的时间。不会去处心积虑地计算着事情。说实话,在这个人世间并没有什么事情需要斤斤计较的。"

"以前我活得太小心了,任何时候都不容许自己有什么闪

第三章 微笑是一朵奉献的水仙花

失。此时此刻,我非常后悔。过去,怕健康有问题,所以不敢吃凉的东西,如果可以的话,我都想体验一次。我也想去很多地方旅行,即使有危险,需要跋山涉水我也不怕。为什么要活得那么清醒明白,那么清醒合理呢?"

"假如可以重过一生,我不会万事都准备妥当再采取行动。比如说上街,也许我连纸巾都不会带一块,生命的每一分、每一秒我都会尽情地享受。假如可以重过一生,我会尽兴地玩儿上整夜而未入眠,还会赤足走在户外,美美地感受世界的静美与和谐。还有,我会陪家人去游乐园多玩几圈木马,享受几次日出,也会与公园里的小朋友一同玩耍。"

"假如一切可以重来。然而,我知道,这一切都是不可能了。"

正是有太多的人慨叹自己的一生,才会给生者以警醒,让人们珍惜生命,珍视生活。

对于我们每个人来说,生命是尤为珍贵的。生命给每个人的机会只有一次,所以说它很公平,因为每个人拥有的都是同样的东西。

首先,要感谢父母给你生命。如果没有父亲那宽阔的胸膛和结实的肩膀来支撑整个家庭，没有母亲用她那无私的爱和乳汁哺育你，就不会有你的今天，是他们呵护了你的生命。他们给予儿女的爱，是不求回报的爱、是无私的爱。当遇到困难时，当灰心失落时，当受伤生病时，站在你身边，陪伴你的永远是父母。他们给你的永远是最温暖的一面。你可以像只温顺的小猫在他们无限温暖和安全的怀抱里蜷缩，在那个世界里你可以没有顾及地沉沉睡去。

其次，感谢陪伴你走过不同时期的每一个朋友。有了他们，才使得你在慢慢成长的过程中，不再感觉到孤单。他们关心的话语让你感觉到了温馨，他们的祝福让你感觉到了幸福，请你用真心去对待你身边的每一个朋友。不要让他们感觉到受束缚，要给彼此独立的空间，对他们也不要有过多的要求。时刻记住他们对你的好。当你忧郁时，是谁在静静地听你诉说无尽的烦恼；当你心情很坏时，又是谁在给你指明方向，让你从容面对困难，请你珍惜友情。

再次，感谢曾经伤害过你的人。在当时，他是你的"敌人"。你不喜欢他们，可是你仍然要感谢他们。他们像挚友一样，指出了你的缺点和不足，是他们让你看到了自己的弱点，也是他们让你充满了斗志，是他们让你迅速成长，是他们让你在激烈的竞争中占得一席之地，是他们让你进步，也是他们催你向前，请向你的"敌人"说声谢谢。

父母是我们受伤时的避难所，朋友是我们忧郁时的港湾，敌人则是我们生活中的镜子。

输掉了一切，也不要输掉微笑

奉献是种形式吗

　　只有相信这个世界有纯洁的奉献，我们才会有感动。
　　有纯粹的温暖，才会懂得世界万象，何为表里。

　　在云南边远、原始的少数民族独龙族有一所小学，正在上课。
　　老师问："同学们，谁知道后年是什么时态呢？是已经过去了，还是没有过？"
　　共有18位学生，有6个学生举手，表示已经过去了。3个同学举手表示还没有过去，另外的一些同学一脸茫然。
　　老师问其中的一个学生："你今年多大了？"
　　学生答："12岁。"

第三章 微笑是一朵奉献的水仙花

老师又问:"去年是几岁呢?"

只见学生扭捏了半天,思考了好一会儿,最后脱口而出:"10岁。"

讲这个故事的目的不是告诉我们哪些地方最落后,而是告诉我们,普天之下,有哪些人最需要我们的帮助。

洪水淹没了村庄、田地,家园一片混乱,房屋倒塌了,树木被暴风雨连根拔起。这时,市长带着浩浩荡荡的大部队,带着救济物资和钱款赶来了灾区慰问。

当他赶到那个小山村的时候,看到有许多的人民英雄正在奋力与洪水搏斗,一个个村民被他们从咆哮的洪水中解救了出来,高地上站着几百个受灾哆哆嗦嗦的村民,远处还有几十个孩子大声地哭喊着。

此时,市长被这悲惨的情景揪得内心隐隐作痛,他疾步跨向前,把其中的一个孩子抱在怀中,还在他的泪水模糊的脸上亲了一下。然后,他转身面向受灾的群众说,你们要相信政府,要相信只要依靠我们自己的力量,齐心协力,一定会战胜洪魔,重建美好家园。

这件事情被随行的记者拍了下来,这感人的一幕第二天就上了县报、市报，还有各大报纸的头版头条。后来，市长会时常过问那个孩子的情况。

县领导、各乡领导都纷纷指示下面有关部门一定要关照好那个曾经被市长抱过的孩子，地方的民政局严格遵照上面的指示，对这个孩子格外关照，第一个发放救济款给他，就连只有城里孩子才能够穿到的那种羽绒服，县妇联都会送给他。而且这个孩子家里很多粮食，都是粮食局发给他们家的。这个孩子多次被学校宣布为三好学生，此外，还有一位知名企业家也要资助这个孩子读完大学，不一而足，这个曾经被市长抱过的孩子享受着同龄孩子的所向往的一切美好待遇。

每隔一段时间，就会有县市报社和电视台的记者来采访这个孩子，各种报纸上时常会出现这个被市长抱过的孩子的幸福笑脸，电视里也经常出现这个孩子一家其乐融融的生活。

山村里的其他孩子看过这些后，都羡慕地说，我要是被市长抱过，是件多么幸福的事情呀！

奉献会有主次之分吗？这个社会需要更多的能够感动中国的人物。

徐本禹，毅然放弃了读研，而只身一人去到贫困山区支

第三章　微笑是一朵奉献的水仙花

教。在他从教过程之中，看到学生在作文中曾这样写道：

"如果我能在2008年，去看一看奥运年的北京，在北京的平房住一天，我就是最幸福的人。"看到这里，这位5尺男子汉流泪了，不是脆弱的泪水，而是被大爱包裹的泪水。

正是这爱，让他奉献了青春；正是这爱，让他有勇气；正是这爱，让他走进教室，扛住贫穷的孤独，扛起了本来不属于他的责任。又有谁能不被徐本禹无私奉献的精神所深深感动呢？

做个被别人需要的人

当我们过分地去刻意追求快乐时,也许它就像是天上的彩虹,虽然看起来光彩夺目,但这只是一瞬间的美丽,没有持久性。我们只有在生活中不断地去满足别人,服务于社会,才会让我们有意想不到的收获。

传说,有一个磨坊主居住在阿迪河畔,可以说他是全英格兰最快乐的一个人。每天从早到晚他总是忙忙碌碌的,虽然生活过得有些艰难,但是他仍不会忘记自娱自乐,每天他都像百灵鸟一样欢快地歌唱着。由于他具有乐于助人的品格,对待生活他很达观,为人豁达,使得整个农场的人都被他的快乐所感染,凡是人们遇到了不开心、困扰的事情时都会用他的方式来调适自己的生活。在这里,到处充满了欢声笑语。

第三章 微笑是一朵奉献的水仙花

一天，国王听到了这个消息。他心里暗想，一个既贫穷而又低贱的农民，他怎么会拥有那么多的欢乐呢？首先，生活困苦一定会需要财富。其次，田地贫瘠就一定需要沃土。最后，生活劳累就一定需要轻松。

于是，国王打算拜访这个磨坊主，好看看究竟。国王刚要走进磨坊，就听到磨坊主在唱："普天之下，任何人我都不羡慕，我只要有一把火就会给人一点热。因为我热爱劳动，所以我拥有健康；因为我拥有幸福的家庭，因为我开心快乐，所以我不需要任何人的施舍，我要多幸福就有多幸福。"

国王走进屋内说："我们要是能够调换一下位置就好了，我很羡慕你，特别希望像你一样无忧无虑地生活。"磨坊主答道："如果能换的话，我也不会和你交换。你只知道索取，从来不知道付出。你向来只需要别人付出，从不被别人需要。之所以我能够自食其力，那是因为有人需要我的照顾，我的妻子、我的孩子，她们需要我的关心。这个磨坊要由我来经营着，而我的那些邻居也需要我帮助他们。我爱他们，他们也很爱我，这使我很快乐。"这时，国王又问道："现在你还需要

输掉了一切,也不要输掉微笑

什么?"磨坊主回答道:"只要别人更多地需要我,我就心满意足了。"国王说:"如果有更多的人像你一样,那么世界有多美好啊!"

大学时,我是个铁杆球迷。什么乒乓球、篮球、足球、网球……只要校园里有赛事,我都会积极参与,我是啦啦队的主力队员。每逢周末,都会去体育馆观看那些男生打篮球。时间久了,我有个发现,就是每次我总会看到有一个衣着朴素的老头儿,会静静地站在场外看他们打球,起初,我还以为他是馆里的清洁工。

当那些帅哥把球打出界时,那位老先生就会自告奋勇地帮他们把球捡起来,甚至根本就不用他们说"劳驾"就微笑着把球递给他们。老师傅不厌其烦地给他们捡球,似乎老人家捡球的次数越多他反而越高兴。有一次,帅哥们打完球后,走向那位老师傅,并且问他:"您需要点什么?请您喝杯可乐。"他微笑着回答说:"能够被你们需要就是我最大的需要。我希望你们把捡球的机会给我。当我感觉自己还能为别人做点什么事情时就非常开心高兴，整个人似乎也年轻了几岁。"

从这以后，每当我去观看他们打球时，都能看到老人的满足而开心的样子。一次，参加主题为"关于人生的价值"的讲座时，其中的一位发言者引起了我的注意，总是有种似曾相识的感觉。后来我才发现，那位主讲人就是在体育馆里帮帅哥们捡球的老头儿，后来才知道，他竟是我们学校的校长！当时，我的心里很感动。

通过以上两个故事，大家知道在人生道路上，什么才是最大的需要吗？什么才是最有价值的？不是权力、金钱、美女、香车乃至一切身外之物，而是被别人需要。只有被别人需要，我们的快乐之水才会源源不断地流淌，快乐之树才会永远常青。索取体现为一种需要，而忘我的付出和满足则体现为被需要，我们不但要去实现社会价值和个人价值，而且要常常懂得付出，因为它会带给我们意想不到的欢乐。在与人交往中，我们要多给他人以鼓励、帮助和掌声，不要担心因为你的付出而使它减少，相反，你给别人的越多，相应的，你自己得到的就越多。生活中，为什么会有许多人被我们铭记在心？因为他们时刻让自己被需要。

输掉了一切，也不要输掉微笑

团结就是力量

　　无论身处何方，也无论是在学习、工作还是生活之中，你都不可能孤立地去做事情。小到个人，大到国家，都不能失去这种团结合作的精神。

　　在《动物世界》里曾经看到过这样一幅画面：它们悠然自得地漂浮在水面上，有的游泳，有的觅食，有的自由自在地飞翔在海空，有的俯视礁石嶙峋的海港、有的……其中有一只海鸥突然像离弦的箭，在空中直入海面，转瞬又腾空而起，它捕捉到了一条鱼。然后，它拍打着强劲的双翼，越升越高，直到高过所有其他海鸟，然后滑翔出一个个美丽的弧线。

　　不幸的场面到来了，其他海鸥一齐蜂拥而至，它们完全变了个样子，所有的优雅堕落为肮脏的内斗与残忍。它们用爪子和嘴猛烈地攻击它，激起散落的羽毛和愤怒的尖叫，直到把它嘴中的食物抢得一干二净才肯罢休。

或许在海鸥之间没有和平可言，它们之间没有分享与礼貌的概念，有的只是无穷的嫉妒和永无休止的竞争，令人不寒而栗。

人们经常看到天空中的大雁一会儿排成一字形，一会儿又排成"V"字形。它们是怎么做到的呢？排列得那样整齐、有序。，科学家告诉我们，在雁阵中排成"V"字形的飞行速度要比单飞高出71%。而处于尖端的大雁，它的任务是最艰巨的，因为它需要承受的空气阻力是最大的，所以每隔几分钟就要轮换领头的大雁，这样可以保证雁群长距离的飞行，而无须休息。

病弱以及衰老的大雁会处于雁阵的尾部，因为这两个位置最为轻松。一些强健的大雁会充当主要的角色，占据一些重要的位置。雁阵会不停地鸣叫，主要目的是那些强壮的大雁用于鼓励落后的同伴。假若有的大雁过于疲劳、生病而落队，雁群绝不会抛弃它。这时，会有一只健康的大雁来陪伴这只掉队的同伴，一直等到它能继续飞行。

输掉了一切，也不要输掉微笑

假如选一种鸟作为我们人类社会楷模的话，毋庸置疑，大雁无非是最好的选择。社会需要一个紧密合作的秩序，更需要一种生存健康，共同发展的秩序。细观我们的社会，更像是由亿万只海鸥组成的群体，为了那一片片肉屑不停地争执、为那微薄的个人利益争吵不休，为这些争执所付出的代价就是，一个人孤独地承受那些来自于外界与自身的无形的压力。

第三章　微笑是一朵奉献的水仙花

换个角度换种心情

　　有时候试着用不同的角度看问题，并采取逆向思维的方式，或许你会因此有很多不同的创意产生，当我们正面看、反着看、侧着看、坐着看、站着看，很多新思维便会随着诞生。

　　李师傅特别喜欢牡丹花，他们家种满了牡丹。一天，他摘了几朵送给一位老翁，只见他回到家后，很开心地把花插在了花瓶里。第二天，有位邻居对老翁说："你看这些花，这不是代表着富贵不全嘛！每一朵都缺了几片花瓣。"

　　他听到后，心里越想越觉得不妥，还是决定把这些牡丹花全部还给李师傅。然后，他把关于富贵不全的事情说给李师傅听。李师傅听后，禁不住笑了说："牡丹花缺了几片花瓣，它代表着富贵无边呀。"这位老翁听后，也认为李师傅说得有道理。

于是，他更加多选了一些牡丹花，开心地走了。

凡事多往积极的层面去思考，这样你会发现生命充满朝气；无论遇到什么问题，它其实都带着答案。

遇到困难的时候，不要钻牛角尖，把它当成是一次学习，一次人生的历练。改变了思考问题的角度，然后做出切实的行动，你就会拥抱成功。

凡事有喜就有悲，有离就有合，有快乐就有痛苦，有美丽就有丑陋。任何事物都具有两面性。假如从另一角度去看，很有可能一件坏事变成了一件好事。因此，当你在遇到许多不如意，充满被击、悲观失落时，试试换一个角度去看这个问题。只有这样，你的人生才会快乐和幸福。

那些看起来令人感觉到不可思议的事情，其实真正做起来，你会感到十分简单。诚然，确实有许多事情，看起来很难做到。可是这并不代表着绝对做不到，只要我们摆脱对客观事物的主观臆断，并且努力去做了，我们就会明白，有些"不可思议"的事情，做起来却如此简单。

真正拥有智慧的人，他绝不会去和站在不同角度的人争吵，因为在他的内心深处，他知道每个人站的立场都不相同，所以说话做事的方式当然也会有所不同。

第三章　微笑是一朵奉献的水仙花

莫做一枚棋子

不勤思考，终将一事无成，成为别人手中的棋子。

不劳而获，终将机关算尽，甚至付出生命的代价。

在一个农场里，一只漂亮、美丽的小鸭子在父母的娇宠中长大。父母对它的爱可谓是倾其所有，从没有让它吃过亏、受过伤，而且也会阻止别人去招惹它们可爱的宝贝、绝不会允许别人欺负它。后来，它从牙牙学语成长为一只成熟的、羽翼丰满的鸭子。农场主对它说，我带你出去见见世面，你想去吗？小鸭子非常开心地答应了。

那是一个热闹非凡的集市，小鸭子用它那好奇的眼光打量着这个精彩神秘的世界，有许多人都非常喜欢它。有一位老人对它感兴趣，只见他问了主人一些事情，最后，小鸭子的新主人就是这位慈眉善目的人。它在心里天真地想，一定是我十分听话并且温驯，所以主人喜欢我，从小到大我就过着那种平凡的日子，从今天开始，我就会过一种全新幸福的生活了。

可是它并不知道大祸即将临头，还在笼子里开心地做着美梦。自行车经过一座窄小的木桥时，桥上站满了人，十分拥挤，于是老人集中精力骑车。在这种情况下，小鸭子完全可以翻身跃到桥下的小河里，重新过那种自由自在的生活。

然而它并没有这样做，它在幻想着成为主人的新宠，在想着自己终于摆脱了父母的千般叮咛，耳朵也会清静了。虽然小河近在眼前，但是这种新环境会让它觉到无所适从，在它犹豫不决的过程之中，主人已通过了小木桥。

可想而知，它最后的归宿就是新主人的厨房……

大家可否知道，这只小鸭子有多少次逃生机会？

也许你会说："好像就只有经过小河的那一次吧。"

然而答案却是从开始到最后，这只小鸭子根本就没有逃生的机会。大家只不过是受了那条小河的诱导而已。

第三章　微笑是一朵奉献的水仙花

　　或许有人会感觉很奇怪，这是什么原因呢？

　　生活之中，好多人都是温室里长大的花朵，就像是小鸭子一样，他们的理想是什么呢？无非是吃好、喝好、玩好。睡觉睡到自然醒，数钱数到手抽筋，他们经历不了风雨的打磨，更加不愿意去吃苦。

　　他们遇到困难就逃避，对同伴没有一丝的同情之心，甚至会打击贬低他们，而对给他们施舍的主人巴结讨好，这种人心中没有任何生活的信念，没有激情，有的只是异想天开，当然他们是永远学不会成功的。

悲喜一念间

> 乐观是生活，悲观也是生活，那么我们为何不选择乐观的生活，潇洒快乐地过一生呢？

在这个世界上，根本没有完全相同的两片叶子。两个人，尽管他们所处的环境、生活、事业没有什么差别，他们面对生活的态度也会有所不同。有的人乐观一生，有的人悲观一生，快乐和痛苦原来是一对孪生兄弟，不同的只是在于你的选择。乐观者在每次危难中都看到了机会，而悲观的人在每个机会中都看到了危难。

有一对孪生兄弟，他们的性格有着明显的不同。其中的一位过分地乐观，而另一位则过分地悲观。父亲为了使两个孩子的性格能够平衡一下，于是他有了一个办法。一天，他给悲观

第三章 微笑是一朵奉献的水仙花

孩子买了许多色彩鲜艳的新玩具；然后，把那个乐观孩子送进了一间堆满马粪的车房里。

到了第二天清早，父亲想看看两个儿子的表现。他听到了不远处传来了哭声，待他走近一看，原来是悲观的儿子正泣不成声。他细心地问儿子："你为什么哭呢？怎么不玩玩具？"孩子委屈地答道："要是玩儿坏了怎么办？"

这位父亲无奈地叹了口气。当他走近车房，发现那乐观孩子正兴高采烈地在马粪里玩儿得不亦乐乎。"爸爸、爸爸，我有好消息要告诉你。"只见那孩子得意扬扬地向父亲宣称，"我感觉到马粪堆里一定还藏着一匹小马呢！"

这就是乐观者与悲观者之间的差别。乐观者看到的是油炸圈饼，悲观者看到的是一个窟窿。

也许，你常常希望改变一些不顺畅的环境，但其实，要改变的常常不是外在环境及条件，而是你的心态。

大雨过后，只见墙上有一张支离破碎的网，上面有一只蜘蛛很艰难地爬着。雨后的墙面很湿，所以，每当它爬到一定的高度时，就会毫无准备地掉下来，它一次次地爬上去，又一次次地掉下来。反反复复，周而复始。有三个人同时看到了这个场景：

第一个人叹了口气说："我和它一样，整日地忙忙碌碌却无所作为。"以后，他日渐消沉，做什么事情都提不起兴趣。

第二个人说："它太顽固了，如果能够学会避实就虚，另辟蹊径，从干燥的墙上绕一下爬上去不就行了吗？"以后，他变得很聪明。

第三个人说："它屡败屡战、知难而上的精神是我应该学习的。"以后，无论他遇到什么困难都从不退缩，勇往直前。

心外世界的大小并不重要，重要的是我们的内心世界。一个乐观的胸襟宽阔的人，纵然住在一个狭小的监狱里，也能把小囚房变成大千世界；一个悲观的心胸狭小、不满现实的人，即使住在摩天大楼里，也会感到事事不能称心如意。正如无门禅师所说，"春有百花秋有月，夏有凉风冬有雪；若无闲事挂心头，便是人间好时节"。

第四章

微笑是一朵爱情的玫瑰花

微笑是一朵爱情的玫瑰花

> 月有阴晴圆缺，人有悲欢离合。坦然面对爱情，你的心中便自会有一份随心所欲的坦然和心游万仞的豁达乐观。

微笑是一朵爱情的玫瑰花。有爱的人才会有玫瑰般绚丽的微笑。而爱又是什么呢？

给爱下个准确的定义，既简单，又复杂。亲情的爱、师生的爱、父母的爱、夫妻的爱……这些都是人世间伟大的爱。

世间最美的语言是用爱来表达的，它是彼此的付出，而不是任何一方无限地贪婪地索取。虚情假意不是爱，它玷污了爱的纯洁和爱的完美。

爱有着一种别样的美丽、别样的情怀，它细化为一种思念。这种思念是慈母那永远不变的关怀；是冬夜里爱人为你递

输掉了一切，也不要输掉微笑

上的一杯温润盈盈的暖茶；是在你无助时，朋友向你伸出的援助之手。

人世间的悲欢离合、生离死别被它演绎得精妙绝伦，一次怦然的心动，一段美好的记忆，一个会意的眼神，一句亲切的问候，一丝缠绵的牵挂，；一份心碎的思念，都体现为爱。它让人欢欣狂喜；也让人肝肠寸断。真爱能让人似浴阳光，如沐春风。无论是海角天涯，千山万水，都阻挡不了这爱的步伐。

爱，它不受人的控制，它是一种缘，缘起缘灭，都不在人的设想范围内。唯一能够做的就是好好地珍惜，珍惜那美妙而又短暂的时光。有人说："这个世界并不缺少爱，只是缺少了爱的翅膀，这个翅膀便是珍惜。"珍惜彼此所拥有的，珍惜生命旅程里那些带给你温暖和温柔的难忘记忆。"两情若是久长时，又岂在朝朝暮暮""为伊消得人憔悴""众里寻他千百度，蓦然回首，那人却在灯火阑珊处。""帘卷西风，人比黄花瘦""执子之手，与子偕老""今宵梦醒何处，杨柳岸，晚风残月。思悠悠，恨悠悠，恨到归时方时休""月明人倚楼，独上兰舟凭栏望，伊人何时归"。爱有思量，有难忘，有浪漫，有无奈，有惊喜，有痛苦，有惆怅，也有永恒。

"曾经沧海难为水，除却巫山不是云"，爱有着难以言喻的

第四章　微笑是一朵爱情的玫瑰花

苦痛，有着借酒消愁的伤感。它有时热情如火，有时冷酷如冰；有时让人春风得意，有时也让人黯然神伤，流泪到天明；有时是一种天长地久的永恒，有时又是流水无情的决绝；虽然它坚如磐石，也会不堪一击；成为过眼云烟。有笑有泪，有乐有痛。但是生活之中要是缺少了它，那么便失去了色彩，生活暗淡无光，失去了意义。

"相见时难别亦难，东风无力百花残；春蚕到死丝方尽，蜡炬成灰泪始干。"这是对忠贞不渝的爱情最好的诠释。

关爱，有时只需要一个拥抱

　　爱心是人类的一种高尚的情感，一个有爱心的人，才会被别人所爱。要表达自己的关爱之心是件很容易的事情，重要的是，不要放弃任何表达爱心的机会。我们要相信，爱心不管在哪里开花，终究有一天会结出果实。

　　"中国预防艾滋病义务宣传员"，这是彭丽媛的另一个身份。一次，她拍摄公益广告，在广告片中一个患了艾滋病的孤儿是她的搭档，这个小男孩儿仅仅三岁，他的眼神里流露出一种孤独和冷漠，那里面有许多与实际年龄不协调的因素，他丝毫不见天真烂漫，都深深地让她感到震撼。一个崭新的小生命，刚刚来到这个世界上，就从母体感染了艾滋病病毒，他等于被宣判了死刑。

第四章　微笑是一朵爱情的玫瑰花

彭丽媛经常和小男孩讲话，还不时地逗他笑，让他开心。可无论她怎样做，换来的都是小男孩儿的漠视与无动于衷。拍摄的过程之中，遇到了不少困难。小男孩儿对她不理不睬，根本不愿看她一眼，后来，拍摄工作被迫中断。或许，他在一个人的世界里已经习惯了，或许，对于周围别人对他的冷漠也习惯了，很少看到他开口说话，他的世界仿佛是无声的。后来导演对她说："最好你去跟他玩，要是能够抓住他的手就更好了。"男孩的手上当时起了好多水泡，还流着脓水，彭丽媛还是毅然地拉着他的手，一把将他抱在怀里。这时，轮到小男孩儿震惊了，他感觉不可思议，用诧异的眼神紧紧地盯着这位陌生的阿姨，瞬间，他那稚嫩的小脸上变得红润、灿烂了……

半年后，在录制节目时，她又见到了那个小男孩。这次，令彭丽媛感觉到意外的是，他爱说爱笑、调皮捣蛋，简直变了一个人。也许，在他的心灵中，没有了孤独忧伤的影子，而这一切都要归功于彭丽媛当初给他的那一个温暖的怀抱。

一天，电视台准备录制一个关于艾滋病的宣传片，有位记者主动要求扮演艾滋病患者。只见他选择了本市最繁华的一条商业步行街，还选择了一个十分显眼的位置。写有"你可以拥抱我吗？我是一个艾滋病患者"几个大字的牌子挂在了他的胸前。而不远处则有摄影机在一个角落里隐蔽着。他的这一举动，霎时间引来了好多人的围观，然而当人们看到那写着令人触目惊心的"艾滋病"三个字时，眨眼间他们四散而逃。对于人们会有这样的反应，这位记者的内心早有准备。所以，他依然镇定自若、不卑不亢、表情十分自然地站在那里。

漫长的两个小时过去了，经过他身边的人不计其数，然而，敢上前去拥抱他的人却没有一个，时间在一分一秒地流逝，他有一些焦急了，他主动去劝说行人，"请你抱抱我吧，与我正常交往是没有危险的"，可是人们却跑得更快了。看到一双双冷漠的眼神，顿时让他感觉不寒而栗，他忘记了自己的身份，已经把自己当成了一个真正的艾滋病患者。看着街上熙熙攘攘的人群，那行色匆匆的一个个背影，再看看自己一个人孤孤单单地站在中心一大片空地之中，他彻底绝望了，他仿佛被这个世界彻底遗弃了。

最后，有一个中年男人走到他面前，默默无语，张开了他

第四章　微笑是一朵爱情的玫瑰花

的双臂深深地拥抱了记者。"谢谢!"记者莫名其妙,他满怀感激的泪水忽然汹涌而出。几分钟后,有一对年轻的情侣上来分别拥抱了他。就这样,一个,又一个拥抱……仅仅是一个无声的拥抱,竟然让七尺男儿当街大哭。

卢梭说过,人在心中应该设身处地想到的,不是那些比我们更幸福的人,而是那些比我们更值得同情的人。同情别人,最好的礼物是爱。送一份爱给别人,比接受一份爱更快乐。每个人都有爱心,爱心本身是无价的,它也不需要任何回报,它需要的是心与心的互相传递,用爱心引发爱心。这样,我们就会生活在爱的世界里。

人生无常,突如其来的灾难固然令人难以承受,然而,别人的冷漠,是比灾难本身更可怕的。关爱,有时只需要一个轻轻的拥抱就可。

输掉了一切，也不要输掉微笑

关爱我们的父母

很多时候，因为忙碌，为了生存，我们往往忽视了它的存在。爱心，尤其是关爱父母的心不是用来闲置的，而是用来付出的。在被各种欲望包围时，我们的爱心也会被淹没，有时甚至不如一个孩子，这让我们汗颜。我们经常向上帝祈祷能带给我们好运，殊不知，在这个世界上，真正的上帝是人们的爱心。

爱的关键是，不仅要说在嘴里，挂在心上，还要你伸出一双温暖的手！好好善待你的父母，在他们活着的时候，不管何时何处！

有一位老人在他的遗嘱中这样说道："在我孤单寂寞而又苍凉的晚年，有我的学生陪伴，我感觉到万分荣幸。即便儿子很爱他的父亲，时刻地说在嘴里，并且把老人家挂在心上，然而却从未伸出手来，这真爱在某种程度上说，也没有了立足之地，这无异于假爱。恰恰相反，有一位学生一心一意、实实在在帮了我许多年，从来没有过一句怨言，即便他对我的感情是假的，我却认为这应该算是真爱。"

　　这位老人是位科学家，他有个爱好，就是喜欢收藏宝物。他在生前收藏了许多价值连城的古董。他的老伴去世得早，他们有三个儿子，在读完大学后都相继出了国，这许多年来，他的学生一直陪伴着他，并且细心地照料他。时常，老人会接到国外儿子打回来的电话，他们总是再三叮嘱老人一定要小心，不要被那个学生给骗了，他们都说那个学生主要意图是冲着他的钱和收藏品而来的，对于这种言辞，老人会平静地回答说："这些我都知道，我又不是傻子！"在爱的面前，谁都不是傻子。不久，老人去世之后。有位律师宣读了老人留下的遗嘱。在遗嘱之中，老人将过半的收藏品都赠给了这位一直陪伴着他的学生。

　　爱的表达方式有许多种，可以用语言来表白，也可以用心去挂念。然而，即使说得再好、想得再多，如果不能落实到行动上，这种爱也只能是海市蜃楼而已。说具体些，这是华而不

输掉了一切，也不要输掉微笑

实,中看不中用。

有一天,我们也会像父母一样渐渐老去,也会反应慢慢迟钝,也会身体行动缓慢。可是尽管如此,我们依然希望能够被子女关爱、被他们理解。吃饭时,我们也会掉饭粒儿,也会吃得脏兮兮的,有时甚至会有穿不上衣服的那一天,然而,我们不希望被嘲笑,我们也想子女能够耐心一点儿地对待自己。上了年纪的人难免有时会一再重复,说着同样的事情,尽管如此,我们不想被子女打断自己的话语,就像小时候对待子女一样地对等待我们,总是一遍又一遍耐心地给子女讲着同样的故事,说着同样的话语,直到子女看着你静静地睡着。我们和子女谈话时,有时会不知道该说什么,需要子女给我们一点儿时间思考,即便我们什么也想不起来,看着我们无能为力,子女也不要紧张。其实,对我们来说,重要的并不是说话,而是能和子女在一起。当我们懒得洗澡时,请子女不要嫌弃我们,更不要责骂我们,要知道,父母对于儿时的子女也曾经编出许多的理由,只为了哄子女洗澡。当我们外出没有办法找到家时,也请子女不要生我们的气,更不要把我们一个人扔在外边,子女应该慢慢地把我们带回家中。当我们头脑迷糊、神志不清时,也许会一不小心把饭碗砸碎,也请子女不要责骂我们,想

第四章 微笑是一朵爱情的玫瑰花

想子女小时候砸的碗,这只是小巫见大巫呢!当我们的腿脚不听使唤时,请子女扶我们一把,就像我们当初扶着子女踏出人生的第一步时一样。当哪天我们告诉子女不再想活下去时,子女也千万不要生气,因为总有一天子女会了解我们的,了解我们这已风烛残年来日可数的心情。早晚有一天,子女会发现,即使我们有许多过错,都是想尽我们所能给子女最好的。当我们靠近子女时,不要觉得感伤、生气或埋怨,子女要紧挨着我们。了解我们,帮帮我们,扶我们一把,用爱和耐心帮我们走完人生,我们将用微笑和我们始终不变的爱来回报子女。

对于生活在这个追求时尚、追求刺激的时代,有太多的浮躁与太多的诱惑。即使是再深再重的感情都无法与父母之爱相提并论,这种爱情深似海、恩重如山。当你长大后,也许你会越来越关注美丽的伴侣,越来越在意孩子的健康,也越来越在乎自己的事业前途和生活质量,可是,请你想想吧,你的父母还有多少时日可以和你在一起和睦相处,共享天伦?不要等到父母离去才来追忆他们曾经的年轻美丽和风华正茂;"树欲静而风不止,子欲养而亲不在",这是人生中最大的无奈和遗憾。不要让自己遭受这种无奈、遗憾、自责、后悔和不安吧!

做自己的朋友

> 要懂得欣赏自己,不要再去感叹生活,拿出你的勇气与智慧,与自己做朋友,把你自己的生活装扮得更加美好。

生活之中,朋友对于我们每个人来说,如影随形。而在你许多的朋友之中,有一位是最重要的一个,那就是你自己。如果没有了这个朋友,即使你拥有了天下的朋友,也只是一时的热闹而已,实际上,你的内心是很空虚的。

那么,你是自己的朋友吗?告诉你一个权威的测试标准,这就是看你自己能否独处。当你一个人的时候,会不会感觉到充实。当你怕一个人单独相处时,而且还时刻想躲避这种局面的发生,那么你就不是你自己的朋友。

能不能成为自己的朋友,主要取决于你有没有"另一个自

第四章　微笑是一朵爱情的玫瑰花

我"这个更高的自我会以理性的态度，去审视、去关爱那个在俗世之中拼搏的自我。基于理性的关爱，这正是友谊的特征。

与另一个自我做朋友，他不会因为有别人在而冷落了你，他将使你不陷入尴尬的境地里，一个人自卑自弃，独自为那风景而神伤。他教给了你坚强，让你坚忍地面对人生，充满自尊地去生活。另一个自我为你而骄傲地活着，他的内心充满了平静与包容。当你不爱自己的时候，自怨自艾的时候，把你自己当成是敌人的时候，当你爱自己爱得没有理性的时候，当你孤芳自赏、骄傲自大的时候，他都会远离你。有的时候，他需要与你之间保持着一分默契，一分心灵相通，心有灵犀。

与自己做朋友是给自己一分自信，一点闲暇，一个心灵的花园；也是把心与爱的一部分交给另一个自己；这是一种宁静，一种宽容，一种感恩；并以此来对待生活，以全对待身边的一切。心情烦乱之时，去听音乐，喝杯咖啡，让这个自己彻底地放松；用冷静、平和的心态去对待失败、挫折；无论你成功或者失败，无论你富有或者贫穷，他都会给你一份微笑，给你一份温暖。与自己做朋友，相伴一生，受益一生，他让你的内心足够的强大与宁静。

与自己做朋友，放飞想象的翅膀，让它在广阔与坦荡天空中翱翔！让它在深沉与纯净的思维海洋里遨游。

　　三毛曾说："知音，能有一个已经很好了，不必太多，如果实在一个也没有，还有自己，好好对待自己，跟自己相处，也是一个朋友。"

　　成为自己的朋友，这是人生很高的成就。古罗马哲人塞涅卡说，这样的人一定是全人类的朋友。法国作家蒙田说，这比攻城治国更了不起。我想，也许我们每一个人都无缘去攻城去治国，但是这样伟大的成就，却是我们每个平凡人都能够达到的。

第四章　微笑是一朵爱情的玫瑰花

生命的旅途中，相信爱情

> 爱情就是在到爱至亲的道路上，不管遇到怎样的情形，相互勉励与祝福，共同承受生活中的痛苦与磨难、幸福与快乐，一生一世。

人生旅行中有许多迷人的辉煌都是由爱情来担当的，但却不以结果论成败。梁山伯与祝英台化身为蝶，那是一种曼妙的期望。水枯的西湖，倒塌的雷峰塔，有着人们对"白蛇与许仙"望眼欲穿的梦想。七月初七，相会鹊桥，有着牛郎与织女的痴情。"金风玉露一相逢，便胜却人间无数"，然而那桥真的能承载如此之重的爱情吗？可见，爱情之于人的魅力，是旅行其中的无限乐趣，而非唯"结果"是从。它是一场神奇的旅行，是一个美丽的过程。在这里，人们的心灵得到最纯净、最华美的洗涤，飘香四溢，灿烂在人生命中的每一刻。

在这个社会之中，拥有爱的人很多，能为爱情旅行的人很少，真正有爱的能力的人也不多。主要原因在于人们在爱情中所面临的重重困境，他们爱的能力孱弱无比，不用心灵或者缺乏深度地去爱，往往使得人们无法顺利地完成爱情的超然旅行。梁祝那样引起人们心灵震撼的爱情在这个社会或许无法产生，拉伯特和爱洛伊斯那种火焰一般的激情更是无从谈起。生活中的爱无比脆弱，它不堪现实的一击，如果没有一颗足够柔软的心灵来承载，更是无法将这旅行进行到底。浮躁的人们的生命之旅，显得苍白无力。

爱情需要自然纯朴，绝无矫饰，至诚至真的两颗心灵的完美契合。

第四章　微笑是一朵爱情的玫瑰花

没有钱，爱情就不能长久吗

> 有一种情感是上帝赐予的，无论等待，无论思念，无论渴望，无论痛苦，只要懂得珍惜，你就会拥有。没有钱，一样可以爱得持久。

在大学校园里相爱的两人，度过了一段美丽而又浪漫的日子，一些羡慕的眼光充斥在他们的周围。

二人不顾家庭的阻挠，来到异地打工。当他们步入社会后，各种生活的艰辛、现实的残酷扑面而来，这一切并没有吓倒他们。因为只要彼此能在一起，他们就很开心。

寒冬里，他们围着火炉相拥取暖，并信誓旦旦地说："不管发生什么事情，我都不许你离开我！我们会是最幸福的一对儿。"在这贫穷的时刻，学校的浪漫时光会情不自禁地被他们

输掉了一切，也不要输掉微笑

提起。

　　时间久了，他们开始有心事了。女孩儿美丽的容颜变得黯淡无光，往日那纤细而又娇嫩的手变得粗糙而又苍白，下班过后的她显得身心疲惫，曾经天真单纯的脸现如今写满了倦意，然而却强自微笑着。那失去光彩的脸上笼罩着忧伤，每天深夜她偷偷流泪。男孩儿感觉到自己在这个社会里很渺小，他万分地惭愧，然而只能苦笑。他深深地知道，所有这一切，都是因为没有钱，过不上像在家里那样的生活。她成了幸福但不快乐的女孩儿。于是男孩儿开始拼命地挣钱，他像牛马一样勤耕不辍。最终，女孩儿终究离开了他，并给他留下了一封信。信中写道："因为我爱你，所以我要离开你。这间屋子里会留下我所有的眼泪，你我之间的情谊我留在了心里。你不要命地工作我于心不忍，不想再看到你在压力下日渐消瘦的身躯，当你偷偷喝酒回来时，痛苦的又何止是你的内心！所有心碎的回忆我背上路，从此，生命之中没有你便没有了色彩，我走了以后，会让你轻松一点，彼此也会轻松一点。珍重！"

　　没有钱，我们能爱多久？

　　有这样一对夫妻：两人的相识，是通过笔友之间的书信来

第四章 微笑是一朵爱情的玫瑰花

往,丈夫与妻子都是残疾人。他年轻的时候因为游泳时头部撞到池底而导致胸部以下瘫痪,而她是一位小儿麻痹症患者。为了让丈夫心情舒畅,妻子会帮丈夫换上干净整洁的衣服,每天需要花费她一个多小时的时间。到了晚上,同样再花一个多小时换下丈夫的衣服。对于那些向来不相信爱情会天长地久的人来说,此二人与那种老夫老妻一样,只是因为他们互相已经习惯了对方的存在而已。

男人对爱的表白让人相信那就是爱情:"假如有一天你老了,不能伺候我了,就请你把我们的床靠得近一点,这样我可以长久地握着你的手;假如我的手握不动你的手了,那么,每天我都要讲故事给你听,包括讲我们以前生活的点点滴滴;假如故事我都讲不动了,我们的床就要靠得更近一点,因为那样我可以每时每刻都可以看到你。"

输掉了一切,也不要输掉微笑

爱情要自由

　　人生没有半点的捷径可言,如果在一起的两个人,不能够相互交流和彼此欣赏,也会像下面那只百灵鸟一样,即使给你整个天堂,你也注定不会寻找到快乐。失去了自由,你还有什么幸福可言呢?

　　一天,上帝看到一只百灵鸟被囚在笼中,觉得它很可怜。便对它说:"小百灵鸟,你愿意和我一起到天堂去吗?"

　　百灵鸟不解地问:"为什么呢?"

　　"因为天堂比这里宽敞明亮,而且还让你衣食无忧。"

　　"可是,现在的我不是也很好吗?我全部的吃喝拉撒都让主人包办下来了,风也吹不到、雨也淋不到,每天,主人还和我说话唱歌。"

第四章　微笑是一朵爱情的玫瑰花

"可是,你感觉自己自由吗?"听到这里,百灵鸟变得沉默了。

后来,上帝说服了百灵鸟,把百灵鸟带到了天堂。百灵鸟被上帝安排在钻石宫里住下,安顿妥当,上帝便忙着去处理自己的公务去了。

一年的时间过得很快,有一天,上帝突然想起了带回来的那只百灵鸟。于是,他来到钻石宫,看到百灵鸟后他问道:"啊,小百灵鸟,我的孩子,你感觉还好吗?"

小鸟答道:"托您的福,我在这儿过得还好。"

"既然如此,你能告诉我你在天堂里生活的感受吗?"上帝真诚地说。

百灵鸟长叹一口气说:"虽然这里什么都好,只是我感觉这个笼子未免太大了些,无论我怎么飞也飞不到边。"

现在的一些女孩子,价值观念发生了变化,就拿婚姻大事来说,她们会选择年长一些的男友作为将来的伴侣,也会选择一些经济基础雄厚的男士作为自己将来的伴侣;之所以会有如此的想法,其一,年长的人,感情经验比较丰富,而且他也想安安稳稳地过日子。更不会像年轻的小伙子,抗拒不了外界的种种诱惑，做事情十分之冲动，因为他们已经过了冲动的年龄；再者说，女孩子认为这样的男人做起事情来相对比较成熟，有魅力。说白了，就是他们很少犯错误。其二，雄厚的经济基础，是女孩子追求的目标，因为这样她可以缩短奋斗的历程。俗话说："贫贱夫妻百事哀"，她当然不想让自己"百事哀"了。这样一来，她的选择多么聪明呀，同样是年轻轻的女孩儿，她可以整天无忧无虑地过着金丝雀的生活，吃完了睡、醒了玩儿、时不时地去做个"拉皮"、喝个下午茶、约个朋友看个电影……而再看看她的姐妹呢！和大学时的男友去异地打工，为了能够在大城市里安营扎寨，他们每日早出晚归。付出了许多汗水与泪水，他们深知生活的艰辛，但却苦中有乐，两个人的感情与日俱增，日子一天好过一天，对他们的未来充满了必胜的信心。

虽然年长的人有经验，不也是用他的青春换来的吗？也许当初他犯的错、碰的壁会更多，仅仅因为他可以少犯错误来选择，是不可取的，因为即使他年长了，也不能够保证再不犯错误。只看到他的基础，有没有看到他曾经付出的汗水与泪水呢？你没有与他共同经历那段难忘的日子，你又怎能理解到他那颗饱经沧桑的疲惫的心。如果爱情的一开始，就怀着一颗动机不纯的心灵,那么,无论是你的爱情与婚姻都将不会走得很远,这多是一些似是而非的爱情,终将会以失败而告终。当然,并不排除这其中有真爱的存在,两个人彼此欣赏、彼此喜欢,他们超越了年龄的差距,产生了真挚的爱情。

台阶里的爱情

> 爱情不是某种结果,而是某种行为的动因,促使我们为自己所心爱的人去心甘情愿地付出。但是,这个过程也是一个互动的过程,只是单方面的付出,终究会有累的时候,所以两个人要轮流来当天使,才会让爱情之树常青,让爱情之花永不败。

有谁会想到在上下台阶的过程之中,也会感悟到爱情的深刻哲理。无论是上或者下,都要有一个人做出让步,只有如此,两个人的心才能始终保持在同一个高度,才能产生和谐的振动。

有个女孩儿,只有24岁,有着晶莹剔透而又澄澈无比的眼眸,肌肤鲜活水嫩,就像一朵绽放在水中的白莲花,纯洁而漂亮。美中不足的就是她的个子太矮,即使穿上高跟鞋也不过一

第四章 微笑是一朵爱情的玫瑰花

米五多,但她的内心却无比坚定,一定要找个高个子的男友。

在相亲时,她与一个男孩子相识,他身材魁梧,挺拔,剑眉朗目,言谈举止之间散发着独特的魅力,更为吸引她的是他有着一米八的个头儿,女孩儿第一眼便喜欢上了。

很快,两人彼此相爱,他们整天黏在一起,花前月下,雨中漫步,只要分开就都彼此想念。一次,他们拉着手去逛街,有位大爷见他就问:"送孩子上学啊?"他沉着地回应着,之后却拉着她跑出了好远,憋不住地大笑出来。

男孩儿并没有钱,也没有大房子,但是她却心甘情愿地嫁给了他。当两个人拍结婚照时,聪明的摄影师将他们带到一个有台阶的背景前,只见,男孩儿下了一个台阶,女孩儿则从后面抱住他,把头靠在他的肩上,并附在他耳边悄声说,只要你下一个台阶,我们的心就在同一个高度上了,多好呀!

婚后,他们为各自的工作而奔波劳碌着。家里有数不尽的烦琐之事,数不尽的家务,没完没了的事情一波三折,一浪接着一浪汹涌而来,让他们感觉措手不及。时日久了,就出现了矛盾与争吵、哭闹与无休止的纠缠。

第一场战争爆发时，女孩儿摔门而去，十分任性。可是，当她走到外面时，发现自己竟然无处可去。她只好按原路返回，女孩儿偷偷地躲到楼梯口，隐约地看到他慌慌张张地跑下来，突然，他不小心踩空了，跌倒在楼梯口。女孩儿紧张地伸手去拉他，却被他用力一拽，跌进了他的怀里。他说："以后再吵架，不许再跑远了，知道不。"一边耐心地说着，还一边捏了捏她的鼻子。一起向他们的"爱巢"走去。

第二场战争爆发在街上，只因为是否应该买一件东西，两人闹得不可开交。后来，她就生气了，跑向外面。她走到一个可以从橱窗里观察他的地方，还以为他会追来，然而他却没有。只见他在原地待了几分钟后，就向相反的方向走去。她心里怒火中烧，简直是又气又恨，就这样她回到了家。看见她回来，男人心平气和地说："累了吧，我正等你一起吃饭呢。"于是他揽着她的腰向餐厅走去，依次把盘子上的盖揭开，这许多的菜都是她爱吃的。她一边享用美味一边气愤地质问他："你怎么不去追我？"男人说："因为你身上没带家里的钥匙，我想，你回来进不了门还要在外面等；同时我又怕你回来饿，于是就先回来做饭

第四章　微笑是一朵爱情的玫瑰花

给你了。"她所有的不快全都烟消云散。

他们之间的吵闹频频不断地发生，有一天，是他们吵得最凶的一次。为了打牌他一夜未归，而恰恰在此时孩子得了重病，她焦急地打电话给他，他却关机了。当他回到家一进门，昨夜她窝的一肚子火便噼里啪啦地爆发了。

或许是他真的累了，决定搬到单位的宿舍里去住，这一次是他离开了。空荡荡的房子里只留下她一个人，这个无限冰冷而杯盘狼藉的家，让她心凉如冰。当天夜晚，她格外孤单，辗转难眠，无法打发寂寞的时间，无意间，她看到了他们的结婚照。自己的头亲密地靠在他的肩上，两张笑脸像花儿一样绽放。她突然间想到他们之间还隔着一个台阶。回想以前的每次吵架都是他主动下台阶，而自己却从未主动去下一个台阶。这是为什么呢？因为有他的包容，所以自己竟然如此地放纵任性。她突然感觉自己好自私，每次都是他一个人在包容她，而自己却从未包容他。

这一次，她终于想通了，知道了自己的错误。于是，她拨了他的电话，只响了一声，他便接了。原来，他一直都在等她去下这个台阶。

品味爱情的八宝粥

　　　　　熬八宝粥的过程，无论是少了哪个环节，都不可能品尝到美味可口的珍品。一份浓厚而又持久的感情又何尝不是如此，它需要两颗契合的心灵，耐得住岁月的各种诱惑，能够深深地理解对方的情意与真心，并且珍惜这份拥有，才会达到"执子之手，与子偕老"的境界。

　　因为寂寞，爱情有时会游离原本温馨的港湾。因为好奇，爱情的行程会在某个十字路口不经意地拐弯。就在你意欲转身的刹那，你会听到身后有爱情在低沉地哭泣。

　　有一对恋人，他会煮香甜而又美味的八宝粥，而她不会，每一次只要是经她手熬过的粥不是干了就是糊了，总是吃不成。他知道她的身体容易上火，而且胃也不好，所以他会经常

第四章 微笑是一朵爱情的玫瑰花

做绿豆粥给她喝,为了能给她暖胃并且降火气。之所以她会对他产生好感,要从她知道他会熬粥时开始。

他们谈恋爱时,他总是不厌其烦地细致又耐心地一口接一口地喂她喝粥,此时的她感觉自己无比的幸福,喝着他熬的粥既香甜又可口,所有的浓情蜜意通过这粥来表达,在这个世界上他熬的粥无人能及,没有人会做出这样可口的食物了,她坚定地认为。

不久,两人步入了婚姻殿堂。她的职业是一名业务员,朝不保夕,没有稳定的收入。而他则是一位人民教师,每月的薪资十分固定,数量有限。每到月底,他将工资如数上交给她,而她会留一些钱给他零用。女人知道男人是真的爱自己,她有一个温暖的家,一天的工作结束后当她一到家,男人就已经把饭菜全部做好了,还时不时地熬八宝粥给她喝。虽然夫妻二人赚的钱并不多,可是他们的日子依旧过得甜甜蜜蜜。

女人的工作很不乐观,一直都不顺利,以至于一连几个月都没有一单生意,拿着微薄的薪水。男人知道女人工作的艰辛,总是一如既往地做着一切,他不忘记送她一碗八宝粥,并且认真体贴地说:"工作不要太辛苦了,你身体不好,注意休息!"

女人时来运转，要从她遇见鲁健说起。这鲁健是一家大型公司的董事长，记得当天，她从众多的公司黄页中翻来覆去，最后才找到了鲁健的电话，她一遍接着一遍不停地打，功夫不负有心人，到了最后鲁健同意与她合作，与她谈了几单生意。鲁健要求与她在一家咖啡厅见面。初次见面，她就被鲁健不凡的谈吐吸引了，这给她留下了很深刻的印象。同时，女人的漂亮与优雅就如一幅美丽的画镌刻在鲁健的脑海之中。虽然鲁健答应了与她合作，但同时也附加了条件，就是要求她晚上陪他去参加一个商务酒会。

对于参加这场酒会，女人并没有合适的衣服与首饰，这一切鲁健都给她安排妥当。最为微妙之处，他还送给她一瓶名牌香水。当晚，无疑女人成了酒会上的焦点人物，漂亮、得体大方、开朗自信的她受到了许多人的青睐。趁此时机，她不忘记推销自己的业务。当时，不清楚是因为他们被她的魅力所吸引，还是因为看在鲁健的面子上，最后，众人与她签成了好几笔单子。她的业绩在公司创下历史新高，还受到经理的表扬，同时在经济上也有相当大的回报。

第二天，当她把衣服和首饰还给鲁健时向他道谢。此时，鲁

第四章 微笑是一朵爱情的玫瑰花

健却反过来谢他，他很希望与她合作，成为最佳的事业伙伴。同时他也很欣赏她的自信和从容，邀请她来帮助自己打理公司，提升她为董事长助理，负责整个公司的业务。于是，鲁健自行选定了一家酒店，宴请女人，以表示自己的谢意和诚意。

这顿大餐是女人生平第一次吃，她从来没有吃过冰糖燕窝，她被那软润滑爽，甘冽清甜的感觉所陶醉。鲁健说这种燕窝除了有美容养颜的作用，同时还可以防暑降火。最后买单时，女人被账单的数目吓了一大跳，而鲁健却潇洒自如地掏出了信用卡。

女人并没有选择到他的公司工作，可是鲁健的博学多才，成功男人的魅力却使她的爱发生了转移。虽然女人知道他们两人之间根本就不会有结果，那个鲁健是个有家的男人，然而她还是爱上了他，因为八宝粥比不上燕窝的味道。

最后，女人做了决定，就是和丈夫离婚。说离婚的那天晚上，几次话到嘴边她又咽了下去。男人看出了她的犹豫，只是默默地做了一碗八宝粥给她喝，她说完了离婚理由，男人的心情跌入了谷底，当他的眼角不断地渗出泪水时，那碗八宝粥也已经熬好了！男人为女人端来最后一碗八宝粥，女人静静地喝着，她的嘴里充斥着咸的味道。

　　离婚后的她感到了一丝轻松，与此同时，有一抹疼痛深深地印在了她的心底。本以为她自己有足够的理智去选择那段爱情，因此放弃了这段婚姻，女人本以为自己找到了真爱，能够为自己的感情负责任，然而她的内心并没有因此而感觉到快乐。也没有因为得到了这份爱情而感到幸福和愉悦。令女人想得更多的是，往昔的一幕一幕。像放电影一样，丈夫一口接一口地喂她喝八宝粥的情形始终浮现在眼前，挥之不去，每每想到这儿，她的心里就备受煎熬。离婚以后，她从未喝过八宝粥。

　　女人一边流泪一边忍不住地做起了八宝粥，按照往日他淘米、浸泡、搅拌、点油的程序做起来，后来，她还是嫌熬粥的时间太长，以至于失去了等待的耐心，到了最后她依然没有掌握好火候，熬糊了粥。她才发现，煮出一碗八宝粥，不仅需要一份恒久的耐心，而且要在适当的时候关火，只有如此，才能熬出香气四溢的味道。

　　最后，女人终于理解了男人对她的那份真情，同时也深刻地知道了自己想要在婚姻中得到什么，然而，这一切却可能永远也得不到了。

第五章

微笑是一朵从容的牡丹花

第五章　微笑是一朵从容的牡丹花

微笑是一朵从容的牡丹花

> 闲看天边云卷云舒，笑看庭前的花开花落。拥有从容，才能善待自己，善待生活，善待人生，善待生命。

微笑像牡丹花一样从容，拥有微笑的人也有着牡丹一样从容的心境。正可谓从容之重，令人明镜在心。

从容，即达观、平和、安然、大度、恬淡之总和。它是一种气度、坚忍、气度、风范。具备从容，就会临危不乱，举止淡定，凡事能够化险为夷。它宠辱不惊，一切如风云在握……从容是一种符合人的生理、心理需要的精神状态和生活方式。它和谐、健康、文明，它反映了一个人的气度、修养、性格和行为方式，它是一种难得的境界和气度。王安石的从容是"不畏浮云遮望眼,自缘身在最高层"。

宏远、持久、深邃体现为一种从容，它深藏于奥妙的宇宙和历史的绵绵时空之中。《说文解字》之中，给从容的定义为："容者，盛也。"即包含着从大、从深、从久、从远之意。如果我们立人、立德、立言、立事之立意不高，又怎样能够去追求从容？"从容"是"会当凌绝顶,一览众山小"。从容之人定会领略人生的无限风光。

进取体现为一种从容。它不同于闲适，也不同于兴致，更不同于退避，有时它是一种智慧，也是一种勇气。"采菊东篱下，悠然见南山"的闲适不是从容；"孤舟蓑笠翁，独钓寒江雪"的兴致不是从容；"蛰居桃园，与世无争"的退避不是从容；"皓首穷经，范进中举"的愚顽不是从容；"精神胜利，阿Q骂娘"的自欺更不是从容。从容是由内而外的一种斗志，一种只争朝夕的精神。它是"天生我才必有用"，它是"天将降大任于斯人也"，更是"舍我其谁"的抱负。

自由体现为一种从容，自由并不等同于二心，它是人生主体的自我解放，是向自由王国不断迈进的过程。"从容不迫"所体现的就是一种自由。从容是在急迫、紧迫、压迫、强迫的情形下表现出的一种不屈不挠、不急不迷、不忙不乱、镇定自若、泰然处之、稳如磐石的心理素质和精神状态。

第五章　微笑是一朵从容的牡丹花

自古以来，大凡从容之人，为人处事都会不骄不躁，把一切安排得井然有序。当外界有压力施加于他时，他会泰然自若，稳如泰山。"漫漫人生，遇繁而若一，履险而若夷，既不戚戚于贫贱，又不汲汲于富贵。"我们的圣哲贤人，是我们学习的典范。孟子"富贵不能淫，贫贱不能移，威武不能屈"；范仲淹"先天下之忧而忧，后天下之乐而乐"；诸葛亮"躬耕南阳，不求闻达"；屈原"九死不悔"；陶渊明"归去来兮"；文天祥"人生自古谁无死，留取丹心照汗青"；林则徐"海纳百川，有容乃大；壁立千仞，无欲则刚"。

吃亏是福

在生活中学会变通，我们才能够获得新生。变通能够使我们的劣势转化为优势，化尴尬为融洽，使人生之路更加的从容，更加的游刃有余。古人说，处事应当审时度势就是这个道理。

一次，狮子同9只猎狗合作出外猎食。经过了一天的努力，它们成果显著，一整天打猎下来，它们一共捕获了10只羚羊。

狮子意味深长地说："这一顿美餐，我们需要找个英明的人来分呢！"

其中的一只猎狗自告奋勇地说："很简单，一对一不就可以了嘛。"听到这儿，愤怒的狮子立刻冲上前去，将它打昏在地。

另外的8只猎狗都被吓晕了。又有一只猎狗鼓足勇气对狮子说:"大王,您息怒。是我的兄弟说错了话,如果我们给您9只羚羊,那您和羚羊加起来就是10只,而我们加上一只羚羊也是10只,这样我们就都是10只了。"

这一次狮子满意地点点头,继而说道:"这种分配法比较妙。你是怎么想出来的呢?"聪明的猎狗答:"当我看到自己的兄弟倒下的刹那时,我就立刻增长了这点儿智慧。"

常言道"好汉不吃眼前亏",而我要对你说的是"好汉要吃眼前亏"。

在这个故事中,分到一只羚羊对于猎狗来说,它们吃了眼前亏。可是如果它们不吃亏的话,那么,它们恳定被狮子全吃掉。哪个选择更划算呢?

所以,我说好汉要吃眼前亏。因为眼前亏不吃,可能要吃更大的亏!

一天晚上,有两个年轻漂亮的女孩儿,在一个偏僻的小区里穿行。这时,迎面走来了几个醉汉,其中的一个人在与其中一位女孩儿插肩而过时,故意在女孩儿的腰上掐了一把,女孩儿哪受过这种待遇,当时就很生气,于是嚷了几句。那人借着酒劲儿,哪肯示弱,两人就这样你一句我一句地吵了起来。最后，无辜的女孩儿被醉汉打了一顿。

两个女孩儿，不懂得"吃亏"，所以才会被打。仔细想想，她们所处的环境是很不利的，首先是在深夜，而且地点还很偏僻，手无缚鸡之力的女孩儿怎么能是醉汉的对手呢？而且，和酒醉的神志不清的人有什么道理可讲呢？如果女孩儿考虑到这些不利的情况，千万不能逞一时之勇，要因时因地因人，宁可吃眼前亏，这些对你一定有好处。

为了"生存"和更高远的目标，所以你要吃"眼前亏"，因为它可以为你换取其他的利益。但要选择不吃眼前亏，你将蒙受的损失或灾难会更大，甚至会赔上身家性命，还有什么未来可言呢？以小失换大得，在这里是个明智的选择。

如果韩信当时不能忍受胯下之辱，不吃眼前亏，他的结局就会被那些暴徒痛揍，一不小心还会丢失了小命。正是因为他吃了眼前亏，才有了他后来率领千千万万的士兵逐鹿中原，展示大将风采。这就是"留得青山在，不怕没柴烧"。

生活之中，有不少人碰到眼前亏，并不懂得忍耐。因为他们认为自己失去了面子和尊严，他们要为了正义和公理与对方搏斗。最后的结局很可能是这些人从此一败涂地、一蹶不振，即使有些人获得了"惨胜"，可是他自己也是元气大伤！

第五章　微笑是一朵从容的牡丹花

对生死的思索

> 没有人知道自己下一刻到底是身在天堂，还是堕入地狱。我们能够做到的，只是平和地接受，然后继续下去。
> 用心感受生命，珍惜活着的感觉。

在人的生命之中，有许多人经历过一次死亡的瞬间，也正是这些人，更加深刻地知道生命之于人的美好。从某种程度上说，认识死亡是思考生命的开始。

23岁时，我在一场车祸中经历了死亡，曾在生与死交织的暗夜里挣扎了几天几夜。当时，有位医生告诉守候在我身边的亲人说："我随时可能死去。"

当我活过来以后，真真切切地体会到：对这个世界而言，每一个生命个体的死亡是件无足轻重的事情，它毫无感知，没有爱与恨；没有烦恼与快乐；更没有伤心与痛苦。更加让我顿悟到：生命的爱与欢乐，有时甚至连同痛苦在内，都是弥足珍贵，只有这些才标志着生命的存在。

　　站在病房的阳台之上，我泪水盈盈，禁不住想着死亡带给我的独特感受，或许，这一次经历让我的内心深处被激起一种真正的圣洁与美丽。还有一个困扰着我的问题就是：我们的生命到底是什么呢？继而我对自己说：它是一种过程，一种从出生走向死亡的过程，每一个个体之于这个过程都有着不同的量与质。

　　还有一段心伤的感受：当我处在危险期之中，父母的内心是一种怎样的挣扎，他们一定会默默无语，彼此没有一句话，一切都在平静之中为我祈祷。他们的内心在经历着一场生离死别的痛苦与煎熬。想想父母所给予我的百般呵护，那长久地深植在我的生命中的各种疼爱。此时此刻，我的心底将留下一份永远也抹不去的痛楚。我将用我的余生来报答他们，不会再让他们为我担忧。

　　此后，对于死亡我有着万分的恐惧。随着时间的流淌，人生阅历的丰富，我的恐惧变得淡了，死亡之于我们每个人都是必经的过程，只不过有早有晚而已，就像是和死神的一个约

第五章　微笑是一朵从容的牡丹花

定，谁都没有权利违约，既然这样，索性就努力延长我们履行合约的时间吧。虽然结果一样，生命都将归于虚无，但是生命的过程却迥然不同。也许是因为有了这次经历，所以我对于生命的爱以及对生命越来越接近本质的认识，会不同于别人。还有，就是我的生命变得格外的单纯与明净。在奋斗的同时，我学会了享受和欣赏生命的自然与美丽，利欲和物欲不会困扰我，它们无从参与我的生活，我获得的快乐既美好又单纯。

我喜欢感受生活，体验生活之中各种感动。喜欢班德瑞那悠扬的旋律浸润我的心扉，体味回归自然的澄澈与美好；也喜欢那美丽的忧伤的曲调，它让我明白自己在快乐地活着，也让我懂得生命不只有一种色彩。我喜欢征服一个又一个高峰，同时也体会着从高坡上从容下山的乐趣，当那轻柔的凉爽的风掠过我面颊时，心中无比的惬意。我喜欢观望窗外飘落的细雨，它用自己的节拍尽情地演奏着。我喜欢躺在床上，看一本富有韵味的书，那个时刻让我的思想徜徉其中，我与大师展开一次又一次的心灵碰撞，我的思想得到净化与升华。让我更加懂得珍惜拥有，我想，这应该就是快乐而美丽的人生。世俗的名利和虚荣并不能吸引我，我牢牢把握今天此时实实在在的生活。

输掉了一切，也不要输掉微笑

幸福其实很简单

　　幸福其实很简单，不是别人给的，不是你去争取的，是你此时此刻的内心所享受的，就是这么简单！

　　老挝未对外开放以前，民生的物资相对匮乏，主要是因为老挝地处内陆，没有便利的交通，可是那里的农作物却很丰盛。

　　老挝总是有一幅幅令人感动而又难忘的生动画面，有被满是盛开的白莲花装饰的小湖，有一望无垠的原野，到处荒无人烟，像是未被开发的处女地，深幽、神秘，还有着一种感召力，令你为它沉迷，被它吸引。

　　只见在那被白色铺满的小湖之中，有好多孩童喊着很有韵律的节拍光着身子在划着像小船一样的竹筏子。阳光下，他们

第五章　微笑是一朵从容的牡丹花

那被湖水洗过的身体泛着黝黑的光泽，给人一种非常阳光而又健康的感觉。接下来，他们反复不断地从湖这边划向湖中心，又划向湖的另一边，他们被这样快乐而又无忧无虑的童年幸福地拥抱着。

对于那些去观光的游客，他们不但丝毫没有感到畏惧，而且也没有表现出很不欢迎这些不速之客的样子，反倒是很愿意游客给他们照相，举起他们热情的双手，留下永恒的精彩瞬间。待照相完毕，他们就又回到自己的快乐之中，三五成群的孩子们像鲤鱼跳龙门一样纵身一跃跳入湖中，在湖里游泳。之后，又会跳上竹筏，一会儿，又会专心致志、心满意足地划向另一片开满艳红色莲花的小湖。

他们都是穷人家的孩子，他们从小在那里长大，从来没有离开家乡半步，没有一件好衣服，没有任何的玩具……然而他们并不认为自己不快乐、不幸福，也从来没有感觉到自己很可怜，当然外人就更没有权利觉得他们可怜了。

不知道在生活之中，你有没有看到如此灿烂、天真、自然、快乐、毫无修饰的未经人工雕琢的纯真笑容。生活之中的我们，认为只有忙碌的人生才更显得完满、充实，看起来像是

输掉了一切,也不要输掉微笑

在过一种有意义的人生,那我们有没有因为过着这样的生活而笑得像他们那样喜气呢?我想,他们的心也正如那莲花,纯洁,美丽,陶醉在那充满暖意的阳光之下,与千百朵莲花一起含苞欲放、嫣然盛开。

什么样的人生才是有意义的?希望这个问题永远不会涉足他们的生活。只有心里从未浮现过这个疑问的人,才是最幸福的人吧!

第五章　微笑是一朵从容的牡丹花

让悲哀的心微笑

在漫长而又曲折的人生旅途上，如果我们也能够承受所有的挫折和颠簸，能够化解与消释所有的困难与不幸，那么，我们就能够活得更加长久，我们的人生之旅就会更加顺畅，更加开阔。

汽车的轮胎为什么能在路上跑得很久？它又是怎样去承受那许多的不平坦的呢？最初，人们想制造出一种轮胎，它能够抗拒路上的不平坦，能够抵抗路上的各种颠簸，可是，结果却不尽如人意，轮胎只支撑了少许的时间，就被切成了碎条。之后，他们又做出一种轮胎来，它能够吸收路上新碰到的各种压力，这样的轮胎可以"接受一切"。

在美国庆祝陆军在北非获胜的那一天，克鲁斯太太接到国

> 输掉了一切，也不要输掉微笑

防部送来的一封电报，她的儿子，她最亲、最爱的一个人，在战场上失踪了。过了不久，又来了一封电报，说他已经死了。

这位太太唯一的亲人也离她远去了，她悲恸欲绝，整个人像被掏空了一样，失去了所有的精神支柱。之前，老太太一直觉得自己的生活非常美好，她有一份自己喜欢的工作，与儿子相依为命，通过自己的努力，把儿子带大。她觉得自己所有的努力，将来都会有很好的收获。然而，她却收到了这封不幸的电报，她的整个世界都粉碎了，这里再也没有什么值得她留恋的了。从此，她变得开始忽视工作、忽视朋友，她把所有一切都抛开了，为人既冷淡又充满了怨恨。她一直没有办法接受这个残酷的现实，总是在不停地问："为什么我最疼爱的人会离我而去？为什么一个这么好的孩子却死在了战场上？"她痛不欲生。最后，她决定放弃工作，逃离这个让她伤心的地方，独自一人把眼泪和回忆藏在心中。

正当克鲁斯太太在清理桌子、准备辞职的时候，突然发现了一封信。还是几年前自己的母亲去世的时候，儿子写给她的一封信。信的内容是这样说的："当然我们都会很想念

第五章 微笑是一朵从容的牡丹花

她，尤其是你。但是我知道妈妈你是个坚强的人，你一定会挺过去的。以你那乐观的人生态度，一定可以让你撑得过去。还记得你教我的那些美丽的真理吗？我永远都不会忘记：'无论你在不在我的身边，无论你在哪里生活，无论我们分隔多远，我的儿子，你要微笑，要像一个男子汉一样承受所发生的一切。'"

老太太无数次地读着这封信，她感觉儿子就在自己的身边。还好像是在对她说："亲爱的妈妈，你要说话算话。你要照你教给我的那样去做，去生活。请你撑下去，无论发生什么事情，请你把个人的悲伤藏在微笑底下，继续活下去。"

想到此，老太太从此振作起来。她重新回去开始工作，且不再对人冷淡无礼，她一再对自己说："事已至此，虽然我没有能力去改变，但是我能够像儿子所希望的那样继续活下去。"白天，克鲁斯太太把所有的思想和精力都投入到工作之中，还不忘记给前方的士兵写信；到了夜晚，她就参加学习班。她不再为已经永远过去的那些事情悲伤，每天她的生活都充满了快乐，就像儿子要她做到的那样。

输掉了一切，也不要输掉微笑

此后，克鲁斯太太的嘴角不时会泛起一丝笑意："她的内心不再装着哀愁，她的眼里看到的也不再是黑暗，她把那些已经发生的令人不痛快的事情或经历都抛到了脑后。她开心迎接每一个新的明天，拥有着新的生活。

第五章　微笑是一朵从容的牡丹花

做优雅的女人

> 优雅是一朵花。一朵圣洁的莲花，洁身自好，一尘不染。优雅的女人则会由内而外散发出一种从容、高贵、圣洁的气质。随着无情的岁月的流逝，她的容颜变老了，却没有让她那颗激情澎湃、涌动如潮的心变老，她依然年轻。

也许优雅的女人并没有美丽的外表，可是她拥有纯洁的心灵。她追求真理，渴求知识，她厌恶那些邪恶、贪婪、恶毒，更不齿于嫉妒、怨恨、侮慢、竞争、诡诈，对自夸、造谣更是冷漠至极。

也许拥有优雅的女人没有过上富足的生活，但她们却从不慨叹命运。她们的内心充满了仁爱、快乐、和平，她们忍耐、慈爱、善良、温柔，她们不惜落在人后，不为名利所累。

输掉了一切，也不要输掉微笑

也许优雅的女人会身无分文，但她们从来没有认为自己一无所有，而且内心非常满足，她们的内心被爱包裹着。使那颗心变得更加美丽，既柔情似水又无比的坚强。她们的心充满了感恩，常常会有盈眶的泪水，脸上会有闪耀的光辉，因为她们经常被爱感动。她们从不乞求别人给予自己爱，而是将满腔的爱奉献给那些需要抚慰的忧伤的心灵，并且不求任何的回报，她们的内心满怀着爱，像温暖的火，烘干别人潮湿的心。

优雅的女人也抗拒不了岁月在她们脸上添加的那一道道皱纹，她们已不再年轻，但是她们对生活却有着无穷的乐趣及永不枯竭的热情。她们眼中所及，无不充满了好奇，她们的字典里从来没有郁闷与烦躁。她们喜欢像小鱼一样，自由自在地在这广阔的人生海洋里遨游，而且用她们独特的视角，记录下每天的感动。当她静静地观看窗外风景时，心也随着大自然的美好景观而飞向远方，展开希望的翅膀飞向那湛蓝壮阔的天空。

也许优雅的女人并不精明，可是她们却拥有智慧。在名利与智慧面前，她会选择拥抱智慧。

拥有智慧的女人是从容的，更是大度的。她会远离嘈杂，并且远处观看它，当她置身事外时，她对于名与利为何受欢迎而感到疑惑不解，那些人疯狂地为它争来争去，打破了头，流了血，受了伤，没了命，衣衫不整、蓬头垢面，还要视死如归、前仆后继。她们不理解为什么这浅短的利益就能迷住人的眼，只能无奈地甩一甩头，甩掉这世俗无聊的一切。

优雅的女人随着峥嵘的岁月在成长，她们的眼依旧是清澈透明，没有任何杂质，她们抱着本真前行，从未丢弃那美好的纯真。她们有着水晶般晶莹剔透的心灵，很单纯也很轻盈。

在这个世界里，她们总能够轻灵的纷飞。她们看待世界的眼光，是儿童般的率真，充满了真诚，这种眼神能够让冰雪消融，能够让冷风驻足。

她们有强大的内心，不但不会践踏自己，更不会去刺伤别人。无论时间怎样流逝，都不会让她们的毅力被折磨，更不会使她们内心屈服，丧失了信念。

做个幽默的男人

男人的幽默是一种优美的健康的品质。在某种程度上讲，他也是一个男人成熟的一种表现。此外，男人的幽默也是一种智慧，它可以给人一种轻松的心态，同时还能在无形之中化解生活的尴尬。在这个浮躁社会之中，在充斥着紧张与忙碌的劳动之余，不妨幽默一点儿，让生活更加充满阳光和欢笑,您又何乐而不为呢？

幽默是反映人类在笑他自身和他所建造的社会时所感到的乐趣，是指人理解和表达可笑的事物或使他人发笑的一种才能和生活的艺术。在这里，谈一下男人的幽默。

男人的幽默，是一种高雅，是一种风度，更是一种魅力，是一种情趣，更是一种由内而外的风貌。幽默的男人自信，他刚强、成熟、果断。这与他的性格、气质、阅历、学识、修养

第五章　微笑是一朵从容的牡丹花

有着直接的关系，幽默的男人总是引得为数众多的异性为之倾倒，一举一动之中散发着迷人的魅力，透露出一种修养和风度。他带点孤独意味，带点难以言说的神秘感。

他工作起来得心应手，幽默起来却很温柔。他有着忧郁而伤感的眼神，你看着他的眼神，就不由得想走近他。他细腻，成熟。如果说相貌、风度是男人的外在表现，那么幽默的言谈却是他内在的表现。他的诙谐幽默，无不表现出潇洒文静、文雅高贵、热情似火、自信的状态。

幽默是婚姻生活的润滑剂，它能消融夫妻间的疙疙瘩瘩；幽默是婚姻生活的助燃剂，它能使爱情之火更旺。

妻子在单位加班，她怕丈夫着急，于是拿起手机打电话给丈夫，可是手机没有电了，她想丈夫知道她手机没有电，就不会担心了。当她拖着疲惫的身躯刚进家门，丈夫就大声对她喊："你去哪儿了？回来这么晚？你心里还有这个家吗？"妻子一听就火了。于是两人吵起来。

都在气头上，谁都不肯让谁，最后妻子被气得声称要回娘家。听到这丈夫更生气了，便说到"把你的东西全带走，你走吧，永远不要再回来了！"说完，他就走出了卧室，过了

输掉了一切，也不要输掉微笑

半小时，他在外屋等得有些不耐烦了，可是卧室里还是没有什么动静，丈夫走过去推开门一看，看到妻子坐在床边抹眼泪，床边还有大包袱。丈夫问："你怎么还不走？"妻子抬头楚楚可怜地看着丈夫，哽咽着说："你躺在包袱上吧！""干吗？""我要带走所有属于我的东西。"瞬间，两个人"扑哧"一笑，搂抱在一起……

语言的力量就是这样神奇，关键就在于你会不会说。哭也一句话，笑也一句话。如何摆脱沮丧悲观、烦恼惆怅的不良情绪，使自己的精神家园阳光灿烂呢？它要求人们在失望时看到希望；要求人们"猝然临之而不惊，无故加之而不怒"保持一份平和的心境。做到了这些，你的精神之树就会常青，你心目中的信念长城就不致颓然倒地。完全可以说：幽默可以给人们的精神家园以强大的支撑力，使人们在苦乐交加、曲折多变的人生道路上百折不挠，使人们更加坚定信心充满勇气地去寻找人生的真谛。

第五章　微笑是一朵从容的牡丹花

让总统下台的女人

> 每个人都拥有无限的潜力。许多时候，我们欠缺的只是一种自我挖掘的精神。

有这样一个小女孩儿，她来自于美国纽约一个富有家庭。她长相丑，父母都不愿意理她，更不喜欢她。由于从小她就很少得到来自父母亲的关爱，时日久了，她变得很自卑，她见人就怕，所以，性格变得越来越内向。

小女孩儿大学毕业以后，就进入报社工作，在这里担任读者来信版主编，虽然这个报社是她父亲所开，但每月也只拿25美元的微薄薪水。

两年后，小女孩儿嫁给了一位律师。已婚的她仍旧羞怯，时常躲在丈夫后面。每当参加大型的宴会时，她就会躲在一个不显眼的位置上，她的家人也对她视而不见。

过了几年，这个报社的大权由她的丈夫掌管。她也被父亲赶回家中相夫教子。之后，报社的运营并不乐观，因此，她的丈夫患上严重的精神抑郁症，最后选择了自杀的方式寻求解脱。当年，她仅仅46岁。丈夫的突然去世使她的世界一片黑暗，她感到天快塌下来了。

她有些许的迟疑，但是最后，她还是果断地接过权杖。当时，并没有人看好这个柔弱胆怯的女人，其他人都预言这个报社迟早必将倒闭。

她刚刚上任，就对整个报社来了一场大的变革。首先就是换人，她认为，报社传统老旧的风格要彻底被改变，报社需要新鲜的血液，要极力引进新潮、自由的新闻元素，才能使整个报社充满活力。为此，她从各处寻觅新闻精英，并且给他们相对独立而又自由的空间，不惜花费昂贵的酬劳。之后，许多的保守派纷纷离去。此时，报社的政治立场越来越倾向于自由派，发生了根本性的变化。

1972年6月，因私自闯入水门饭店、民主党总部，五名男子被捕。当时，许多媒体惮于压力，对于此事的报道都只是轻描淡写、一带而过，而她却命令自己报社的记者深入调查，进行深入

第五章　微笑是一朵从容的牡丹花

报道。最后，他们终于发现共和党政府不可告人的秘密，他们试图在民主党总部安装窃听器，破坏民主党的竞选活动。

由于丑闻的曝光，总统十分生气，还有司法部长扬言要她人头落地。毫无畏惧的她，继续为自由与正义而孤军奋战。她的正直与勇气，让美国各大新闻媒体觉醒了。总统虽然位高权重，但是迫于强大的社会舆论，他最终也被迫下台。这就是震惊世界的"水门事件"。她就是著名的《华盛顿邮报》主人，名叫凯瑟琳·格雷厄姆。

当时，在她上任时，报社的总收入也只有840万美元，只有《新闻周刊》和两家电视台是它下面的公司。到1993年，当她退休的时候，报社已发展成为包括报纸、杂志、电视台、有线电视和教育服务企业在内的庞大的综合性新闻集团，总收入达到14亿美元，在美国500家大公司中排行第271位。

有谁能想到，一个羞涩、腼腆、胆小的丑女人，竟然成为美国新闻史上的传奇人物。她挽救了濒临倒闭的《华盛顿邮报》，还用一份报纸扳倒了总统。

输掉了一切，也不要输掉微笑

善于区分职场中的场面话

在职场中，只有到万不得已的情况之下，你才可以运用场面话。因为有一些话语一旦出口就无法再收回。时刻控制你的言语，还要特别避免说一些讥讽与偏激之词。因为，伤人的话中你所得到的短暂的满足远远不及你付出的代价。而对于那些时常和你说场面话的人，你要保持清醒的头脑，透过现象看本质，找出他说此话的用意。

小李在公司工作了许多年，他一直兢兢业业、诚恳踏实地工作。然而他却从来没有得到过升迁，他不明白。有一天，他主动前去拜访一位行政主管，这位主要负责人事的调动。小李开诚布公地把自己的想法说给了这位主管听，他很希望自己能够调到其他的单位，因为自己知道那个单位有一个空缺，而且

第五章 微笑是一朵从容的牡丹花

自己也符合职位要求。只见这位行政主管表现得十分地热情，他一口就应允了，并且很爽快地说："这事绝对没问题！"

小李高高兴兴地回去等待消息，可令他想不到的是，过去了几个月，仍旧是一点调动的音信也没有。后来，小李还是从其他人那里知道，自己想得到的那个职位早已经被别人捷足先登了。听到这里，小李特别气愤地说："为什么他要对我承诺，说绝对没有问题呢？"

在这件事情当中，行政主管说了似是而非的场面话，小李却信以为真。他相信了行政主管的这一席场面话！之所以给大家讲了这个故事，是想让你知道：社会之中，特别是在职场中，这种场面话的存在十分正常，所以你千万不要全信。不可否认地说，这种场面话现象也是人们的一种生存智慧，它体现着一个人行事的圆滑，他不仅都懂得说，并且也习惯说。其实这不是一种罪恶，更进一步地说，它是生活中的一种必需。这些话听起来虽然很牵强，但是只要它不太离谱，凡是听的人，十之八九都会感到高兴。

这就要求你独具一颗慧眼，区分开何种场面话所说的是实情，何种场面话与事实有着相当大的差距。有一个最好的小法

输掉了一切，也不要输掉微笑

就是，不相信这些场面话。对于别人满口答应的场面话，你只能保留态度，以免希望越大，失望也越大。比如说"你放心，我会全力帮助你的""请你相信，发生什么问题尽管来找我吧"等等。其实，在职场中，类似这样的话语，有时是不说不行。

有的时候，你会有来自于各方面的人情压力，如果你当面拒绝了对方，一方面会造成极其尴尬的场面，而另一方面你会马上把一个人给得罪了。假如这个人又缠着你不肯走，那你的麻烦就更大了，所以，请你记住，遇到类似的场合，一定要学会运用场面话来打发，如果你能帮忙那你就帮忙，要是帮不上或根本就不愿意帮忙你则可以再找其他的理由。处在这种状况之下，说场面话也是一种缓兵之计。

许多类似这样的状况你一定遇到过，就是一些人对你说称赞或恭维的场面话。这时，请你时刻要保持一颗冷静的头脑，从客观的角度出发来看待别人的话。不要听了两句好话就自以为是、沾沾自喜、得意忘形，这些会影响你对自我的评估。所以，首先你要冷静下来，冷静之后，你便会看出对方有何用心。

对于场面话，最好抱着不信的态度，甚至有最坏的打算。

第五章 微笑是一朵从容的牡丹花

那些人情的变化根本就不在你的预测范围,所以你永远也不可能知道他们的真实想法,这个时候,不信是明智的选择。想要求证对方说的是不是场面话很简单,就是在事后多求证几次,一旦你发现对方的言辞闪烁,虚与委蛇,或避而不谈,那么答案就出来了,就是他说的话都是些场面话!

> 输掉了一切，也不要输掉微笑

高处不胜寒

　　一个聪明的人，在事业达到顶峰之时，他会以平和心态面对一切，会平视自己所取得的成就。更会对周围的人虚怀若谷，他不会让其他人来仰视他，更不会去俯视其他人，一个人能够做到如此，他的事业才能常青。

老虎是森林王国的统治者，森林里所有的管理工作都由它来负责，工作中所能遇到的各种艰辛和痛苦它都尝遍了。然而，它自己却说：我也有软弱的一面。它希望自己在有错误的时候，身边有好朋友为它指出来，并且为它提出忠告。也渴望着自己能像其他动物一样，享受与朋友相处的快乐。

有一天，它找来猴子问道："你是不是我的朋友？"

只见猴子满脸堆笑地回答："亲爱的大王，我当然是你的

第五章　微笑是一朵从容的牡丹花

朋友了，还是一个永远忠实于您的朋友。"

"如你所说，那为什么每当我犯错误时，却得不到你的忠告呢？"老虎一本正经地说。

只见猴子眨了眨眼睛，然后小心翼翼地说："也许是我对您有一种盲目崇拜，以至于我根本就看不到您的错误。不如您去问一下聪明的狐狸吧！它那里会有您想知道的答案。"

于是，老虎把狐狸叫到了身边，问了它同样的问题。那狐狸眼珠转了一转，谄媚地说："我想猴子说得十分正确，您那么完美而又出色，有谁能够看出您的错误呢？"

与老虎一样，一些管理者也面临着同样的情形。他们时常会体味到"高处不胜寒"的孤独。社会分工的不同，领导与下属之间阻隔着一道不可逾越的鸿沟。下属对领导的态度，就像猴子与狐狸对待老虎一样敬而远之。因为它们担心，一旦把你的错误指出，便得你变得恼羞成怒，他们要怎样收场呢？那不是自取其辱吗？还有一点，你们之间所处的立场不同，所以属下有可能在等着看你的笑话，他们根本不会阻止你去犯错误！再者，有个别人等早已守候多时，他凯觎你的岗位已经多时，就等你倒台的这一天，他好取而代之。身处重要的位置时，不

输掉了一切，也不要输掉微笑

要沉湎在自己的成就之中，更不要变得狂妄、轻率而固执，要从多个角度、多个层次去分析问题，去客观地看待事情，学会换位思考。切勿重蹈他人覆辙。

打江山容易，要坐稳江山可是难上加难。纵观历史，有许多成功人士的失败，都是因为他们在成就的面前目空一切、忘乎所以、我行我素。在成功之时，既不要自我压抑，也不要自我张扬，而是应该用一颗平和的心去面对成功、面对未来，也只有这样，才能让你的成就保持得久远一些。或许，爱迪生晚年的经历会给我们一些启发。

晚年的爱迪生曾说过令人吃惊的话："你们以后不要再向我提出任何建议。因为你们的想法，我早就想过了！"让人们感到震惊的是，这还是那位锐意进取，虚怀若谷的爱迪生吗？或许，他的这句话就预示着悲剧的开始。

在对待直流电与交流电的观点上，他大错特错。他从不肯承认交流电的作用与价值，还不遗余力地四处演讲，攻击交流电，甚至公开嘲笑交流电唯一的功用就是去做电椅。在铁的事实面前证明，他的孤芳自赏为他招致了晚年的败笔。

一个功成名就的伟人，怎么就前后判若两人了呢？

第五章　微笑是一朵从容的牡丹花

凡事微笑以对

微笑不仅是一个动作，也不仅表达一种情感，它是一种态度，一种面对人生面对生活的态度。生活之中，让我们微笑以对！

当一名运动员由于一次意外，受了伤，远离他竞技的赛场，他会做何选择？

当一位音乐家患上了咽喉病，变了声，远离他心爱的舞台，他会做何选择？

当一位高考生在入学体检时，查出病，远离他梦想的彼岸，他会做何选择？

当一位手模不幸被罪犯劫持，断了手，远离她事业的空间，她会做何选择？

　　生活中有许多不尽如人意的事情会发生，而且会接连不断，甚至是超乎想象，面对一次又一次痛苦的降临，应该如何去面对它，并且将人生之路走下去呢？人生无论以什么姿态来面对我们，我们都应该微笑以对。

　　与其以悲观的态度去面对它，不如活出自己的本色，勇敢地面对它，生命并不需要我们悲观地面对它，只不过是在生活的过程当中会有它的成分，如果生活只有一种味道，我想那不是生活。就像是面粉，它可以制成馒头，也能做成面条，也可以制成面包，还可以做成精美的点心，它都是被需要的，因为它存在着就有其自身的价值。或许它内心里会认为自己仅是面粉而已，有着被人吃的命运。生活中让你感觉到痛苦的并不是别人，恰恰是你自己，是你自己的内心伤了你。

　　回顾过去，我们的学业、事业，一路上也许并不是平坦地走过来，或多或少地走过一些弯路，也曾不知道前行的方向，也曾黯然失色、心灰意冷，也曾经历过坎坷、一蹶不振过，然而我们也曾挥洒汗水体验丰收的喜悦，我们也曾尽情地体验成功的快感，也曾辉煌过，也曾骄傲过，这就是生活呀！我们在成长，我们在体验，我们在努力，我们在前进，或许有的人会认为自己原来走了许多弯路，本不应该有那些经历的，认为把时间浪费了，然而今天的你会发现，那并不是浪费，而是你在成长，从打击、困难之中所学到的要远比在顺境中学到的多。

事情存在的本身就有其道理，不要拒绝犯错误，更不要拒绝成长。只需要用一颗坦然的心去微笑面对，相信前路风景更为迷人。

生活有的时候是一场恶作剧，当你企盼着开心快乐，它往往让你泪流满面；当你去找寻幸福愉悦，它又让你心力交瘁；当你期待美满的爱情，它又让你的爱情充满苦涩与悲伤；当你想摆脱一切困扰，它又接连不断给你出难题；当你希望前路顺利，它又让你一波三折；当你期待前路一片平坦，它又让你披荆斩棘；所以面对它最好的办法就是，做最坏的打算，向着最好的方向努力前行。那么，你会感觉到前所未有的轻松与自在，你会更加从容地面对它。在这个过程之中，我们会有迷茫、彷徨、失落、挣扎、耽溺、彻悟与解放，会有欢声与笑语，也会有愁容满面，也会有含泪的微笑。可无论是哪一种形式，我们都在经历，我们都在体验，我们就是幸福的。让我一起来听一下伟大的俄国诗人普希金对我们的忠告吧！

输掉了一切,也不要输掉微笑

假如生活欺骗了你,

不要悲伤,不要心急。

忧郁的日子里需要镇静。

相信吧,快乐的日子将会来临。

心儿永远向往着未来,

现在却常是忧郁,

一切都是瞬息,

一切都将会过去,

而那过去了的,

就会成为亲切的怀恋。

第六章

微笑是一朵自信的百合花

第六章　微笑是一朵自信的百合花

微笑是一朵自信的百合花

　　一个人最大的敌人就是自己，而不是别人。无论在什么情况下，即使身处绝境，也千万不要灰心。要相信自己，最终才能超越自己。

　　从前，在一个很遥远的山谷之中，生活着一片野草。一天，一颗孤单的百合花种子落在了它们中间，并在这里生根发芽。没有开花前的百合，与那些野草没有显著地区别，其他的野草也把它当成了同类。但是百合花的内心很清楚，它知道自己是一朵花，一朵与其他野草有所不同的花。随着时间的流逝，一些野草开始笑话它、冷落它、孤立它，认为它是异类，原因是百合花开出了一个花蕾，这些野草依然不认为它是一朵花。对于它们的歧视，百合花只是默默地忍受着，它在内心里

输掉了一切，也不要输掉微笑

想，我一定会蜕变成一朵十分漂亮的百合花，到了那个时候它们都会相信的。

最后，万众瞩目的时刻到来了，这是百合花生命之中最光辉耀眼的时刻。只见幽幽的峡谷之中，迎着那冷风，它在尽情地怒放着，在野草丛中自信而骄傲地怒放。此时此刻，无须任何的语言就可以诠释它的价值，证明它的意义。刚刚盛开的百合花瓣中，充满了娇艳欲滴、剔透晶莹的露珠。也许其他野草会认为，这只不过是早晨的水雾还未散尽。然而，只有百合花自己深深地知道，这是它欣慰、喜悦的泪水。

微笑正如这百合花一样，用自信主宰着自己的命运。它有着说服的力量，可以让你理智。也有着感动的力量，可以让你的心灵得到升华。它也有着征服的力量，让你的人生日趋成熟。自信与自卑虽然只是人意识之中的一个决定，但是它却可以让人有生与死的距离。

袁丽是冷冻公司的员工，她平时工作认真细心，做事情尽职尽责。但是她却有一个缺点，就是常用否定的眼光去看待周围的一切事物，对人生充满了悲观的情绪。

一次，她不小心将自己关在了一个冰柜车里，任她在里面

第六章 微笑是一朵自信的百合花

怎样拼命地呼救、喊叫都没有用，因为这个时候公司员工早就下班了，这里也很少有人在。过了一会儿，她的手因敲门而变得红肿，嗓音也已经沙哑，所有的努力都没有用，最后，她瘫坐在地上，不停地喘息着。

她心里想："这该如何是好呀？冰柜里零下20多度的气温，一夜呢！我怎么能受得了！"最后，她用颤抖的手拿来了纸与笔，写下了遗书。

第二天早上，公司的员工来单位上班。当打开冰柜的时候，发现了袁丽倒在里面。他们迅速将她送往医院，然而抢救无效。令人感觉到惊讶的是，为什么她会死亡？这里的冷冻开关根本就没有开，而且这里面有充足的氧气，而她却被"冻"死了！

其实她并非死于寒冷，而是死于自己的悲观，她的心中已是冰点。悲观者的最大不幸就是没有勇气战胜不幸。去做那些令你害怕的事情，只有做了，你才会发现，那些你害怕的事物也会怕你，它们会自然消逝。

生活的信心是因为忠于自己

> 生活中，只有自信的人，才可能拥有成功。自信是实力的积累，是知识的结晶，是自我的肯定。

自信是实力的积累，是自我的肯定。我们只有肯定自我，肯定自己在生活中的角色，才可以拥有对生活的信心。有了自信，我们才会在各种生活环境下潇洒自如。

小泽征尔，来自于日本，他是世界著名的指挥家。曾与印度的梅塔和新加坡的朱晖被誉为"世界三大东方指挥家"。他曾多次受意大利的米兰斯拉歌剧院、美国大都会歌剧院等许多著名的歌剧院的邀请，与他们加盟执棒。

有一次，欧洲举办音乐指挥家大赛，他前去参加，并且轻而易举地就进入了决赛，安排在最后一位出场。当他接过评

第六章 微笑是一朵自信的百合花

委交给的乐谱之后,只是稍稍地准备了一下,就开始全神贯注地指挥起来。刹那间,乐曲中的一点不和谐因素被他发现了。起初,他在心里暗想:"这或许是我自己演错了吧!"于是,他就让乐队停下来,再重新演奏了一次。可是,效果与刚才相同,他还是觉得不和谐。到这里,他否定了是自己的问题,而是乐谱的问题。然而,当时在场的评委会里的权威人士和那些作曲家都提出声明:"这些乐谱绝对不会出问题,应该是他的错觉。"有这样多的音乐界的权威人士在场,他对于自己的判断无疑会产生些许犹豫。可是,当他考虑再三后,毅然坚信自己的判断。"不!一定是乐谱错了!"他斩钉截铁地大声说。他的话音刚落,全场报以热烈的掌声,所有的评委全都激动地站了起来。

原来,这些指挥家为了考验参赛选手的真实水平,特意设了一个局,就是在他发现错误的情况下不承认,会收到什么样的效果。因为真正能够称得上一流的音乐家,要具备的素质很多,尤为关键的一点,就是要勇于说出"不",无论面对任何的权威,也要坚持自己正确的判断。

一个人拥有的自信心越强,他对待工作、生活的动力就越大。拥有自信，无论面对什么样的状况他都可以潇洒自如、安然以对。

而对于那些没有自信的人而言，就是把机遇摆到他的面前，他依然没有勇气向前迈进。因为他缺少一种胆识，一种对成功渴望的魄力。

有位园艺师向企业家请教说："先生，您的事业蒸蒸日上、如日中天，而我整天地忙忙碌碌，跑来跑去，却一点也没有起色，到什么时候我才能够赚大钱呢？"

只听企业家心平气和地说："我工厂旁边有块空地，我看你很精通园艺方面的技术，不如我们用它来种树苗吧！"企业家又说："一棵树苗有40元，扣除道路，这块地大约可以种二万多棵，树苗成本刚好近百万元。到三年后，一棵树苗可以卖到3000。你就负责浇水、锄草和施肥工作。其余的费用都由我来出，树苗成本与肥料费也由我来支付。我想，三年后，我们取得的利润应该有600万元。然后，我们两人平分，如何？"

此时，那园艺师却惊讶地说："那么大的生意，我可从来没有做过，我不敢做。还是算了吧！"

成功的机会马上就要到手了，却被一句"算了吧"轻而易

第六章　微笑是一朵自信的百合花

举地就放弃了。每一天，人们都在梦想着有朝一日能够取得成功。然而，当机遇真正到来的时候，许多人都退缩了，不敢去尝试。因为他们被失败的顾虑所困扰着，以致许多成功的机会都溜走了。

优点与缺陷

　　许多时候，我们并不是跌倒在自己的缺陷之上，而是跌倒在自己的优势上。因为有缺陷，所以我们会时常提高警惕，加强注意，用于提醒自己。然而，正是优势，使得我们忘记去选择和放弃。

　　一位漂亮的模特，有着一头乌黑亮丽，犹如绸缎一般的秀发。若干次的比赛，都是这头美发成就了她，她利用美发演绎中国古典服装，使她大获成功，取得了很多金奖。

　　一次，有一场国际大赛，如果在本次大赛中她取胜，就会与模特公司签约，她就跨入名模行列。

　　当天，模特间展开了十分激烈的角逐，她十分自信，并有十足的把握，只要当她演绎古典服装时，一定会得到观众全场

第六章　微笑是一朵自信的百合花

喝彩的。

关键的时刻终于到来了，伴着音乐悠扬的节拍，她缓步走下台去，淡雅的笑容在她的嘴角轻放，她内心感觉自己的表演似乎赢得了观众的心。

当她用余光看到自己的助理时，却觉得今天的助理十分奇怪，她看自己时脸色十分难看。

没有多想，她继续表演着。当再次转身时，她突然感觉背上有一股力量。随之，那如绸缎般的头发飘洒下来……全场哗然。

她愣在那里，一时还无法接受这个现实。由于疏忽，在头发做造型时，发夹没有扣紧，以至于她高高耸立的头发被甩倒，一泻而下。最后，她败下阵来。

通过这次经历，让她深刻地明白了，作为一个出色的模特并不需要道具，她需要的只是自然的表演。如果一个人太关注自己的优点，那就十分危险，极有可能被自己的优点所打倒。

有三个人一同去旅行，第一个人带了一把伞，第二个人带了一根拐杖，第三个人则什么都没有带。当晚上回来的时候，带伞的人衣服全湿了，带拐杖的人跌得浑身是伤，而一无所有的人却安然无恙。前二人感觉很奇怪，于是问第三人道："你怎么没有事呢?"

他反问第一人道:"你为什么没有摔倒,反而被淋湿了呢?"拿伞者答:"天空下起大雨时,我感觉反正自己有伞,也不会被淋。因为我没有拐杖,所以就小心地走着脚下泥泞的路。这也是我没有摔倒的原因。"

他又问第二人道:"那你又为什么摔伤了呢?"拿拐杖者答:"天空下起大雨时,因为我手中有拐杖,所以我并不怕摔倒。可是由于我没有伞,所以我就找能躲雨的地方走,这是我没有被淋湿的原因。"

听到这里,第三人答说:"当天空下起大雨时,我就会躲着走;当路况不好走时,我就会小心地走;所以,我既没有被雨淋也没有跌伤。拿伞却被雨淋湿了,拿拐杖却跌伤了,而我却安然无恙的原因在于你们认为有了优势就可以减少忧患,你们太过看重自己的优势了,这是你们被淋,又跌伤的原因。

第六章　微笑是一朵自信的百合花

"自以为是"送了命

> 满招损,谦受益。千万不要以为别人都不如你,"自以为是"只会让别人远离你,孤立你。尺有所短,寸有所长,学人之长,补己之短,实为智者的选择。

有一位猎人,居住在一个大森林里,他捕获过各种各样的动物,单单没有捕获过狐狸。原因是狐狸这种动物非常狡猾,此外它的奔跑速度也不慢。所以每当猎人刚端起枪,它就逃之夭夭,跑得无影无踪了。

然而,猎人并不就此罢休,他认为自己有好多的时间与这狡猾的动物周旋,一较高下。猎人知道有一只老狐狸就居住在山后,一天,他准备了充足的枪弹上山,躲藏在狐狸经常出没的草丛里。

输掉一切，也不要输掉微笑

不多时，只见那只老狐狸悠哉悠哉地来了，首先它跳到岩石上四处张望了一阵，又用它那锐利的目光逡巡，警觉性极高的它立刻发现草丛里有不速之客。这一次它深深地意识到猎人的目标不是别的动物而是自己，自己要怎么逃开呢？因为对于绝顶聪明的自己它有足够的自信，自己不但有着敏捷的反应能力而且还有着极强的判断能力，它想，只要那个笨蛋猎人一旦采取行动，自己就会逃之大吉。

这时，狐狸的玩心大起，它突然做了个假动作，果然，草丛里的猎人开了枪，打得狐狸面前的土四处乱飞。得意忘形的狐狸为自己的计谋能够得逞而沾沾自喜，不住地哈哈大笑，还轻蔑地对猎人说："嘿嘿，你这糟烂的水平，还想打我？你做梦去吧！"

对于狐狸的百般嘲笑，猎人并没有多加理会。他继续认真地瞄准射击。"砰，砰砰，砰砰砰"，他射出的子弹全部落空了。

那只老狐狸更加得意，它不停地大笑。还悄悄地把它身边的一块圆石头滚下岩石，石头飞快地跑着。这时，猎人还以

第六章　微笑是一朵自信的百合花

为是老狐狸逃跑了，于是他就马上站起追。可没有想到的是，他一不小心被"草"绊了一下，重重地跌了一跤。瞬间，他的额头上就鼓出了个大包，他的手也有些颤抖，浑身上下满是草屑，显得十分狼狈。

那只站在岩石上的老狐狸心里乐开了花儿，笑得合不拢嘴，它一边手舞足蹈，一边嘲笑地说道："笨蛋就是笨蛋，看你那老样，还想打我。子弹快用完了吧？哈哈！我愿意奉陪到底。放马过来吧。"

猎人揉了揉脑袋上的大包，一边静静地上子弹一边慢条斯理地对狐狸说："是呀！虽然你可以嘲笑我，打中你着实有些困难。可是即便如此，请你不要忘记，对于我来说，只不过是失误了一次，我所损失的大不了是一颗子弹；然而对于你来说，失误一次意味着什么呢？那意味着你生命的损失。"

听到这里，那只老狐狸的脸色突然变得很难看，它的身上被一种强烈的危机感所包围。此时，老狐狸打算逃得远远的，于是它抖动身上的毛，准备快跑。然而由于它刚才肆无忌惮地长时间手舞足蹈，它的体力已经耗去了很多，此时的它手脚有些酸软，正在这时，远处的猎人扣动了扳机。

最后，子弹正中狐狸的心脏。老狐狸重重地摔在了地上，在它临死前的那一刹那，才感觉到十分后悔。因为原本它是有机会逃走的。

生活之中，有许多人和狐狸十分相似，总是以为自身有数不尽的资本可以无度地挥霍，他们鄙视周围的一切，认为别人都不如己，没有自己聪明，没有自己有能力，最后落得了鸡飞蛋打的局面，甚至赔上了身家性命。

第六章　微笑是一朵自信的百合花

为什么会痛苦

　　生活之中，不必刻意地去模仿别人。如果那个模仿的对象本身就已大错特错，你这不是将自己的人生也铸成大错吗！这样，你不苦恼才怪呢！模仿别人，只会使你失去了原有的自我，陷入痛苦的深潭，无法自拔。何苦如此地作践自己呢！

　　小白兔是动物界的底层贫民，也许它的地位很低微，可是它仍然有自己的追求。它拥有纯洁美好的心灵，并且一直在不断地寻找自己的偶像、自己可以学习的典范。偶像，是它生活的动力和希望。在它看来，缺乏热情和思想的动物从来都没有偶像，所以自己一定要有偶像。

　　黑熊是小白兔的第一个偶像。它的身份是动物界的警察，有着仪表堂堂、威风凛凛的外表。动物界的治安都是由它来维护的，并且负责民众的安全，有许多次它们冒着生命危险与罪犯搏斗，还在大火中救出了被困的动物。他们是动物界的英雄，小白兔对它佩服得五体投地。然而，后来它发现，这些警察背地里偷偷与那些恶贼交往，它们的关系密切。在动物界最可恶的贼，非恶狼莫属，昨天晚上，山羊大伯家的小羊羔就被那只灰狼给吃掉了。十分气愤的小白兔，伤心欲绝，万分悲痛。把黑熊当作偶像，自己真是有眼无珠，小白兔在心里默默地想。从此以后，每当它见到黑熊，都要躲得很远，而且内心里还会骂它道："真是个不折不扣的伪君子！"。

狐狸是小白兔选择的第二个偶像。动物界的明星，狐狸当之无愧。它十八般武艺样样精通，表演、唱歌、跳舞、演戏都不在话下。小白兔十分喜欢看狐狸表演，十分崇拜它，于是把它当作了偶像。好景不长，突然有一天，狐狸正在偷鸡吃，正好被小白兔撞上了。小白兔心灰意冷，心中的温度不断不降，犹如跌入了冰窟窿，冰到了极点。它无限的懊悔，责怪自己的判断能力差，没有看到狐狸如此丑陋的一面。

老鼠是小白兔选择的第三个偶像。它有着动物界的著名企业家之称，在当地兴办了许多企业，富得腰缠万贯，统领一方。它是动物界有名的慈善家，会经常捐钱给贫困山区的民众

第六章 微笑是一朵自信的百合花

们。这样有本事而且又德高望重的人，当然会列入小白兔的偶像范围之内。然而，不久以后，小白兔便发现，这个狡猾的家伙根本就不讲信用，它是偷税的行家，它从动物银行贷了大量的款，可是却从来没有归还，总是寻找万般理由来推脱责任。再看看它的日常生活，整日花天酒地，一掷千金。看到这里，小白兔痛苦到了极点。

猴子是小白兔选择的第四个偶像。它是动物界的一代名医。在它的手里，曾经治好了许多患病的动物。还被一些动物称为再生的父母，因为许多动物的生命是它从死亡线上拉回来的。猴子被小白兔看作是上帝的使者。事实证明，小白兔的偶像之梦再一次破灭了。猴子有一个很大的毛病被它发现了，就是经常收取别人的钱财。猴子非常的势力，只要你给它钱财，它就会好好地给你治病；可是如果你不给它钱财，那么它的态度就转了一百八十度的大弯儿，对你不管不问，突然之间它变得很坏。这些都是小白兔所不齿的，此时的它十分气愤。心想："作为医生，怎么能这样呢？"

小白兔的偶像在它的心中一个个破灭了。为此，它无精打采，感觉精神几乎要崩溃了。对生活极其的悲观，失去了信心。它怎么也想不通。后来，它向神仙请教。说："我为什么这样没用，偶像一个个在我的心中破灭，我错在哪里呢？是我的眼光太差了吧！"

仙人说："是因为偶像本来就是痛苦的根源，而不是因为你的眼光差。只要你不断地去寻找偶像，你就永不止境地寻找痛苦。"

小白兔这才恍然大悟。

做最真实的自己

> 相信自己是独一无二的,生活中的每一天都是新的,而每一天的你都是独特的。为什么不为自己欢呼喝彩呢?为什么不为自己开心呢?你要知道,别人的话语并不能改变你对自己的肯定,自己认为对的就去做,不要为了别人的一言一语去生活,生命短暂,把你有限的时光用到你最感兴趣、最想做的事情上,做到不为小事忧愁、不为小事烦恼。

在一个生机盎然的花园里,生活着许多树与花,在这片肥沃土地上,幸福而满足地生活着。

这里的成员每天生活都是开开心心、快快乐乐的。只有小橡树一筹莫展、满面愁容。细问究竟才得知,原来这个可怜的小家伙一直被一个问题困扰着,这就是"自己是谁",这个问题它根本就不清楚。

这时候，它周边的同伴开始你一言我一语地发表见解。果树说："你要是专心一些就好了，如果你做事情能够努力一点儿，你就会结出丰硕的果实。看看我，多容易呀！"

而玫瑰花却开口说："你别听它的，像我这样开出玫瑰花来才更容易，你看我多漂亮！"于是，小树按照它们的建议十分努力，可还是很令人失望，它努力地开花、结果，但是都是以失败告终。小树越来越苦闷了。

直到有一天，花园里来了一只智慧之鸟。它听小橡树说了自己的困惑后，语重心长地对小橡树说："这个问题并不是很重要，你不要过分地担心。这个世界上有许多的生灵，它们都面临着同样的问题。你可以这样办，你要做你自己，不要按照别人的要求去做，不要把你的时间浪费在那些无用功上。你就是你自己，你要试着了解你自己，要想做到这一点，就要倾听自己内心的声音。"说完，这只智慧的鸟飞向了远方。

小橡树看着智慧之鸟消失在自己的视线之中，它开始静静地想，并且自言自语道："了解我自己，做我自己，倾听我内心的声音。"刹那之间，它豁然开朗、茅塞顿开，只见它慢慢地闭上了眼睛，敞开心扉，静静地思索着，到了最后，它终于听到了自己内心的声音："不要想着结苹果了，你永远都不会结出苹果的，因为你并不是一棵苹果树；也不要想着开花了，因为你不是玫瑰。你是一棵橡树，你要长得高大、秀丽、挺拔，这才是你的命运。你会给那些鸟儿们栖息，会给疲惫的游人们遮荫，更会为创造美丽的环境贡献你的一分力量。这些都是你的使命，努力去完成它吧！"

此时的小树轻松了很多，身上的重担全部放下了。它顿时觉得浑身上下充满了力量和斗志，它开始为实现自己的目标而努力，变得十分自信。不久，它就长成了一棵大橡树，把属于自己的那份空间全部填满了，它赢得了大家的尊重。此时，花园里的花、树、草各尽其能，每一个生命都很快乐，呈现出一片欣欣向荣的景色。

做个被别人重视的人

生活与工作之中，能够把握好这一原则的人，无疑会拥有微笑的人生。你所应该做的就是一直不断地通过努力去逐步完善自己，让你自己变得独一无二，无可替代。

从前，在一个王国之中，有位伟大的预言家，凡是他说过的话往往都会应验。国王感觉自己的权力受到了威胁，所以它一心想让这位预言家消失，巩固自己的王位。有一天，国王和手下已经设好了一个圈套，他派了许多士兵潜伏在宫殿的周围，只要他一声令下，就可以暗中将预言家杀掉。

少顷，预言家来到了殿堂之上。在让他毙命之前，国王决定问他最后一个问题："你为别人的命运预言了多次，你有没有想过自己的命运呢？你还能活多久，你自己的命运又如

第六章　微笑是一朵自信的百合花

何？"智慧的预言家若有所思，几秒钟之后，他镇定自若地回答说："在国王驾崩前的3天我将去世。"

试想一下，这样一来，国王还会杀死他吗？答案当然是否定的。他不但保住了自己的性命，而且还会受到国王的偏爱与垂青，在他的有生之年，一定会过得非常惬意与开心，国王会尽力地保护好他，还会慷慨地为他的健康负责，请许多人来照顾他。因为国王想长寿，就一定要保住他的命，所谓是拴在同一条绳上的两个蚂蚱，他们彼此的命运息息相关。

故事的最后，那位聪明的预言家比国王还多活了好几年。他的预言能力虽然被否定了，可从另一个层面上，却证明了他对权力的操控有着一流的手腕儿。预言家的真正法力就是：时刻让别人有这样一种意识，你就是权威，如果他一旦失去了你，就极有可能会给自己招来灾难，甚至是死亡。就如国王一样，经过此事之后，他绝对不敢再冒着危险来杀死预言家。

让别人重视你、需要你，而不是让别人感激你，才是一个真正聪明之人的明智之举。感谢的语言会随着时光流逝很容易让人遗忘，只有当别人向你求救时，他才会永远地铭记在心。要知道，一个人如果对你没有依赖之心的话，他是不会对你毕恭毕敬的。与其让别人对你彬彬有礼，不如让别人对你有依赖之心。"兔死狗烹"的意义就在于，你一旦没有了价值，就会被取代，被吃掉。时刻让自己有价值是人生之中应该把握的原则。因为只有时刻让人重视、让人需要，你才能在别人心中有不落的地位。

第六章　微笑是一朵自信的百合花

不去冒险就是最大的风险

> 做搏击长空的老鹰，而不做遇事只会把头埋在沙里的驼鸟，这样做只是于事无补，与掩耳盗铃、亡羊补牢有何两样？自欺欺人的生活终不会幸福。

有一个人，养了一盆花，当下雨的时候，他会打着伞来给鲜花遮挡，因为他怕花朵经受不住风雨的考验。

有一个农夫，养了一头驴，却从来不让这头驴去拉磨，因为他怕把驴的身体累坏了。

有两个大学毕业生，一块儿到陌生的城市打拼。他们其中的一位，怕自己不能胜任本专业的工作，退而求其次，选择了没有任何技术含量的工作。他很容易地就找到了工作，每个月拿着很低的薪水，勉强地维持着生活，每天都充满了抱怨，然而，他却没有任何的行动去改变这种现状。另外一个学生，他一心想找到本专业的工作，因为他热爱自己的专业，并且充满自信，对未来充满了希望，于是用了几个月的时间，经历无数场面试，他也曾力不从心过，也曾伤心过，也曾无奈过，也曾绝望过。但是，最后，他通过努力，终于如愿以偿地找到了自己满意的工作。一年后，第一位同学先后换了几份工作，仍然一如既往地烦恼抱怨着。另外一位同学，通过一年的勤奋学习，刻苦工作，不但受到了领导的重视，而且薪水也提高了。

好多男士追求着一个女孩儿，然而，她却一个都没有选择。她的内心也渴望着爱情，也想同其他的女孩儿一样，体会美妙的爱情，可是当真正面对时，她还是选择了退缩，她宁愿在心里想象着美好的一切，就是不肯步入现实。她把爱情一直想象得很美好，她也一直在当旁观者，总是想给自己积累好多的爱情理论后，再认真地步入爱河。然而她并不知道，时间不等待人，没有人会一直等待着她，等待着她慢慢走出心灵的小区，走向人生的爱情舞台。即使有一天，她真正地走了出来，那些男士也已经不见了踪影。

不敢去冒风险的人，他既不敢哭又不敢去笑。他怕哭了以后，别人会认为他多愁善感。他怕笑了以后，别人会认为他愚蠢。他们不敢去求助于他人，他们不敢暴露自己的感情，他们不敢去爱，因为他们怕冒险。他们不敢尝试，怕失败。要知道，当你在逃避受苦和悲伤的同时，你也拒绝了正常而健康地成长、学习、生活和爱。你的懦弱与恐惧成为你生活中的桎梏。

困难与风险都只是人生中的浮云，它们只是暂时的，根本就挡不住那光芒四射又温暖人心的阳光。生活之中，那些浮云最怕你的坚持，怕你的顽强，当你强大的时候，它就会软弱下来。相信机遇与挑战并存，人生中没有冒险，就会错过很多成功的机会，更会坐以待毙，碌碌无为一事无成。

给成功定一个期限

　　每个人都有自己的理想，每个人也都想有大的成就，取得成功。然而，为什么有的人无论怎样都没有取得成功呢？请问，你规划过自己的未来吗？有近期目标、三年内目标、长远目标吗？你问过自己的内心，你的梦想是什么吗？你有给自己的成功设定过最后期限吗？没有方向的船往哪里游都不会是顺风的，明明白白、清清楚楚地问问自己的内心吧！

如果我们的人生以每4分钟为单位来计算，会有多少个呢？
有一种动物叫海獭，它属于鼬科动物。大多数的海獭生活在群岛周围的海域之中，每一个成年的海獭体长有1.5米，它们的体重平均在40公斤左右。这种动物非常聪明，从某个层面上讲，它的智能超过了类人猿。通常当它在捕食海胆的同时也会从水底捞起一块石头，十分有意思的是，它们用自己的肚皮来运这些石头，它们会平躺在水面，之后安稳地搬运着。当它们在享用鲜美的海胆肉时，先会用两只前爪抓住海胆，然后用力地往石块上砸，直到最后将海胆坚硬的壳砸破。

然而，不仅海獭会用石块当砧板来砸开海胆壳，令科学家感觉惊叹不已，更令他们诧异的是它们对时间的准确把握，这使得它们每一次都成功捕食。每一次海獭的潜水时间，仅仅只有四分钟，它们要在这四分钟里做许多事情。首先要潜到几十米以下的海水里去捕猎，一旦超过了这个时间，它们就会不幸地在水里溺死。这个时候，四分钟的时间对于海獭来说就是生命，尤为重要的四分钟。可以说，它们每一次的捕猎，都是一次命运的赌博，这赌博都是以倒计时的方式来计算的。赢则生，输则死，既现实又残酷。它们必须在规定的时间内捕获到食物，否则，等待它们的只有两种结果，要么被淹死，要么被饿死。

大部分海底生长的贝类、鲍鱼、螃蟹等是海獭的食物。海獭对于自己捕猎时间的有限非常清楚，所以，每一次潜海它们都有着明确的目标，对于寻找自己的猎物，它们一秒钟时间都不敢耽误。快捷的速度超乎想象，当它们抓到猎物以后，迅速地返回水面，因为它们肺里的氧气十分有限。鲨鱼既坚硬又锋利的牙齿它们没有，金枪鱼那样尖刺的长枪它们没有，任何强过海里其他动物的器官或武器它们都没有，在水里长时间地生活它们也不行，那么，是什么让它们千百年来生生不息、世代繁衍的呢？原来，是那宝贵的四分钟捕猎时间让它们在海里生存了下来。

与海獭相比，你人生的时间还短暂吗？其实，你的时间何止一千个一万个四分钟。之所以不成功，原因就在于你有太过充裕的时间，让某些懈怠的心理不断地泛滥。假如让你去给成功定一个期限的话，你就不会有时间去慨叹人生种种不如意，更不会去怨天尤人。你会在有限的时间里主动出击，采取积极的行动，毫不犹豫、全力以赴地向着目标前行。如果你还走在人生的十字路口，那么不妨给你自己的成功定一个期限。

第六章　微笑是一朵自信的百合花

没有人能使你倒下

> 自信的人生是永远不会被击败的，除非他自己最后精疲力竭，无力拼搏。最富有成就的人就是依靠他们自己的自信、智慧和能力取得成功。

黑人民权领袖马丁·路德·金曾给后人留下一句十分激励人心的话语："这个世界上，没有人能够使你倒下，如果你自己的信念还站立的话。"海明威说过："人只能被消亡，而永远不会被打败。"自信有着一种力量，一种来自于内心深处的力量，它让你在面对困难时，不逃避，迎难而上。它不在于个体是如何优秀的人，也不在于他自我感觉是多么的良好，关键在于能否积极采取行动，去解决生活之中的问题。

罗斯福，是美国前总统，英姿勃发、潇洒英俊、才华横

> 输掉了一切，也不要输掉微笑

溢。当他还只是个参议员时，就已经深受人民的爱戴。一次，他去加勒比海游玩，当他还在尽情地游泳时，他的腿部突然感觉动弹不得，呈现一种麻痹的状态。恰好他的身旁有人发现，及时挽救了他，才让一场悲剧得以避免。经过多方专家的会诊，证实他患上了"腿部麻痹症"。这种病症可能会导致他丧失行走的能力。然而，他并没有被医生的话所吓倒，反倒是从容地说："我不仅要走路，而且还要走进白宫。"

他第一次参加竞选总统的演说时，只见他穿着笔挺的西装，充满自信地从后台走上演讲台。这个患"麻痹症"的人，没有手拄拐杖，他每迈一步，都让所有美国人为之动容，他们深深地感受到了他的意志和十足的信心。在美国的政治历史上，他是唯一连任四届的伟大的总统。

拿破仑·希尔说："自信，是人类运用和驾驭宇宙无穷大智的唯一管道，是所有'奇迹'的根基，是所有科学法则无法分析的玄妙神迹的发源地！"

罗斯福给我们树立了自信的楷模，即使是身有残疾的他，仍然对自己充满自信，相信他自己的能力，对他所从事的工作有着必胜的信心。正是因为有了这样的信念，才使得他在做事时能够倾其所有，付出全部精力，将一切艰难险阻排除在脑后，并直达光辉胜利的巅峰。其实，真正影响你的梦想能否实现的因素，是你自己的观点。生活中有很多事情的成功，需要你有着不屈不挠的意志力与绝对的自信。

尼克松，曾任美国总统，也是大家极为熟悉的人物。因为他缺乏自信，而犯了一个错误，因此毁掉了他的政治前程。在1972年，他竞选连任总统的时候，因为有着上一任期的斐然政绩为基础，他本可以继续获胜，况且还有好多的政治评论家都预测他将会以绝对优势获胜。可是，此时他本人却没有丝毫的自信，过去几次失败的经历已经在他的心理上形成了阴影，他走不出来。他对失败有着万分的恐惧。最后，他做了一件令他后悔终生的蠢事。他竟然鬼使神差地指派手下的人，在对手的办公室里安装窃听器。事后，他百般推卸责任，并且阻止调查，即便他在选举时胜出，可是不久后，依然被迫辞职。因缺乏自信，本来稳操胜券的他，最终导致惨败。

输掉了一切,也不要输掉微笑

感激对手

　　向你的对手微笑,并深情地说一声谢谢。是他强化了你的内心,是他们让你迅速地成长,是他们激发了你的斗志,是他们让你懂得生活。

　　压力在我们的生活之中不能缺少,同样,竞争意识我们也要有,而且要只多不少。

　　一种有着奇特味道的鳗鱼,产于日本的北海道。在这里的海边,生活着许多的渔民,他们以捕捞鳗鱼为主要的谋生手段。虽然捕捞这种鱼对渔夫来说是件很容易的事情,然而要保持它顽强的生命力,却伤透了渔夫的脑筋。因为鳗鱼的生命十分脆弱,一旦它们离开了深海区,顶多也活不过半天就会全部没命。

第六章 微笑是一朵自信的百合花

然而，大家发现，在这许多的捕鱼人中有一位智者。他与大家一样，每天都出海捕捞鳗鱼，可是不同的是，每次他捕捞的鳗鱼，即使回到岸边，也总是活蹦乱跳的。再看看另外几家捕捞鳗鱼的渔户，不管怎样细心、用尽什么样的办法，却依然没有办法让鳗鱼延缓死亡的进程，更谈不上让它们活蹦乱跳了。

活的鳗鱼要比死的鳗鱼价格高出一倍以上，几年的时间，智者成了远近闻名的富翁，他们一家人过上了富足的生活。而其他渔民，虽然和智者做着一样的事情，可是他们的状况却令人担忧，仅仅维持着简单的温饱生活。最后，智者在辞世之时，才把秘诀传授给自己的儿子。这天大的秘密原来就是，每次返航时，必须在整个船舱的鳗鱼中夹带着放进几条狗鱼。因为鳗鱼与狗鱼不仅不是同类，而且还是出名的"死对头"。当鳗鱼看到有异类在，而且还很少时，就会群起而攻之。而几条单薄可怜的狗鱼呢？当它遇到众多的对手，更不会坐以待毙、任人宰割。它们会惊慌地四处逃窜，由此，满满的一舱鳗鱼全给激活了，这样，就减缓了它们死亡的速度。

在动物界，各种动物之间如果没有对手，都会变得死气沉沉。那么，在人与人之间，同样不能缺少这样一条"狗鱼"。如果一个人没有了对手，他就会逐步走向平庸、碌碌无为，最终走向自甘堕落的道路。如果一个群体没有了对手，就会变得丧失活力，彼此之间也会因为相互依赖而丧失生机。如果一个行业没有了对手。就会生于安乐，没有创新，丧失进取的意志，安于现状而故步自封，逐步陷入被人并购的深渊。所以，生活之中，我们要有对手。对手，可以使我们有危机感，会提高我们的竞争力。对手，可以使我们变得奋发图强，锐意进取，不断创新，与时俱进。没有了对手，只会落得被吞并，被替代，被淘汰的地步。

千万不要把对手看成你的心腹大患，你的眼中钉、肉中刺，从某种程度上讲，他们是你的福星，所以，你对他不要有马上除之而后快的想法。其实，对于你来说，拥有一个强劲的对手，是一件好事情，它是你的福分。有了他，会让你有所警觉，时刻有种危机四伏的感觉，它会激发起你的斗志，使你有更加旺盛的精神去投入到生活之中。

感激你的对手吧，因为他的存在，你才永远是一条充满生气的"鳗鱼"。

第七章

微笑是一株含泪的罂粟花

第七章　微笑是一株含泪的罂粟花

微笑是一株含泪的罂粟花

> 无论生活以什么姿态来考验你，你都要毅然地选择与微笑为伍。尽管有时它也会像罂粟一样含着泪水，但请你相信，一切的泪水都会化成喜悦与幸福，任何一次转机都在峰回路转、柳暗花明处。

微笑是一株含泪的罂粟花，它有一种异常的美丽，又有着几许无奈。它的这种美丽背后潜藏着某种野心，而人们利用了这种美丽，使之成为了罪恶之源……这份微笑也被大打折扣，它也会流泪，也会哭泣。就像罂粟花的本身，它并没有任何的香味，更谈不上具备媚惑人心的特质。是那些有着肮脏心灵的人类将罪恶之手伸向了它……

不可否认，人们是喜爱它的，因为它美丽鲜艳；同时，人们又害怕它，因为它的果实中有致命的毒素。也许人们可以忽视它的妖艳、奔放、热情，但却抗拒不了它那毒汁的诱惑，是那罪恶的粉末埋没了它的美。它的一半儿是天使，而另外一半儿却是魔鬼。细细想来，人又何尝不是如此。

以前，一位画家特别想画上帝，可是一直都没有范本。后来有位友人建议他不妨去教堂看看。一天，他只身一人来到教堂。看到了一位牧师正在虔诚地布道，他眼前一亮，终于找到了模特。此画完成后，这位画家名声大振，名利双赢。于是，画家给了那位牧师一笔丰厚的酬金。

一次，一位买画的人好奇心大起，对画家说："现在，我知道上帝的样子了，那魔鬼是什么样子的呢？你能画出来吗？"画家听后，也十分感兴趣，于是，他决定画魔鬼。

只有那些罪大恶极的人才与魔鬼相似，他决定去监狱寻找原型。一位犯人走到他面前，画家和他说明情况后，正准备开始做画，那个犯人痛哭流涕地说："你原来把我当上帝画，现在又把我当魔鬼来画。"画家大惊失色地说："这不可能。"犯人娓娓道来："自从上次我得到你给的钱后，变得整日寻欢作乐，根本就无心布道。最后，钱被花光了，我就开始去骗、去偷、去抢……才有今天这个下场。"

第七章　微笑是一株含泪的罂粟花

美好与丑恶只有一线之隔，只是一念之间，然而收到的结果却差之千里。生活之中，有诚实、正直、无私、欢乐，也有冷酷、嫉妒、贪婪、奸诈，我们要像花儿一样，无私地尽情绽放美丽。当我们的内心被这种种美的元素所浸染的时候，你会发现，当你真心面对自己的挫败时，你会发现问题是有转机和希望的。正像罂粟花还有着优美的别名——虞美人。这成就了它的双重美丽，仿佛要洗刷尽那因罪恶而带来的污垢。提起虞美人，不禁使我想到历史上楚汉之争时的虞姬，当她结束了凄婉的人生之后，在美人冢上盛开的那艳丽花朵，这就是她的化身。

输掉了一切,也不要输掉微笑

不能失了警觉

　　生活之中,我们千万不要沉溺于一时的享乐与安逸。就如与人交往,不但要听其言,而且要观其行。只有那些能够说到做到的人,才是你学习的榜样。

　　当生活之中遇到一些危机之时,我们很容易觉醒。可是,当我们生活得很顺遂时,就很容易失去警觉,甚至会沦落到任人宰割的地步。

　　在人生的旅途中,能有多少次机会可以让我们学习和醒悟呢?生命中面临一些困难或危险的境地,对我们来说未必是件坏事。最可怕的状况应该是身处安乐的环境中,而忽略了可能潜藏的危机,降低了自己警觉性的同时,也使自己陷入了危险之中而不自知。例如,吸烟、喝酒、熬夜等不良的生活习惯,

第七章　微笑是一株含泪的罂粟花

它们都在慢慢地侵蚀着我们的身体,当我们身体亮起红灯的时候,为时已晚,因为我们可能已经无力自救了。

即便是有所警觉,如果不迅速地去采取行动,不断地克服自身的惰性,努力修炼自己的话,就无异于下面这头野猪。

寒冬腊月,森林里的一头野猪深知在风雪之中觅食的艰辛。这时,它忽然想起自己的远房表亲,听说表弟在那户人家里有吃有喝还有人伺候,每天除了吃就是睡,还可以任意玩乐,日子过得相当逍遥。谁不向往那种生活呢?再想想自己,有上顿没下顿。可是,它转念一想,立刻又清醒了过来,虽然有人给它吃喝,可是它也要付出代价的,它得死。人类养它的目的不就是为了吃肉吗?想想表弟的命运,它情不自禁地打了个寒战,眼神里流露出无限的同情。它在心里想:"虽然我自己觅食有些辛苦,但是我却能保住自己的小命。还有什么比这更重要的呢?"

又挨饿了三天后,它动摇了。它想,表弟之所以摆脱不了被杀的命运,是因为它不同于我,它没有反抗能力,而我却有。就单单让人类看到我锋利的獠牙和强壮的身体,就会把人们吓退。我可以乔装打扮,混在表弟家里先美美地吃上一个冬

> 输掉了一切，也不要输掉微笑

天，等我不再挨饿了，再逃出去也不迟啊。当天晚上，它纵身一跃就跳进了猪圈。这个冬天，它和表弟一样享受了吃了睡、睡了吃的"美好"生活。

转眼一年过去了，春节时，这头膘肥体壮的野猪被农户发现了，他想，这头猪的肉味一定要比一般的家猪鲜美，何不宰杀这头野猪呢！他决定明天就杀。当天晚上，野猪准备逃命，可是无论它怎样努力，它都跳不出猪圈。短短几个月的时间，它变得太肥胖，它已经失去了反抗的能力。它后悔自己没有像往日在山中跋涉磨炼，后悔不应该吃这许多的食物，可是一切晚矣，落得了任人宰割的下场。

第七章　微笑是一株含泪的罂粟花

致命的撒手锏

> 卑鄙是卑鄙者的通行证，高尚是高尚者的墓志铭。靠阿谀奉承、溜须拍马生活，终将会一事无成，永远不会有成功的一天。自欺欺人地度日，又如何去谈实现人生价值这一宏图。游戏人生的人，最终也将被人生所游戏。

有些人注定会有悲惨的命运，因为他自身的弱点决定了他的命运。

马克是大富豪汉斯手下一员，他擅长阿谀奉承、溜须拍马。每当领导开口讲话，他便投其所好地鼓掌喝彩，时日久了，这就成了他的习惯。汉斯大亨非常喜欢他。

8月的一天下午，汉斯乘坐一架小型飞机去一处公司视察，马克随他一同前往。飞行到一半时，遇到了强有力的气流，突然的意外，让飞机失去了控制，直线下降，一头往下栽去。犹如一只断了线的风筝。

惊恐万分、大惊失色的飞行员大声吩咐道："你们快点儿跳伞。"不幸的是，飞机上的降落伞只有一个，这就意味着他们两个人谁拥有这个伞，谁就可以活命。

在这生死攸关的时刻，大富豪当仁不让，迅速地将伞抢在手里，还不忘对马克说："马克，愿我们的上帝保佑你。"说完，纵身跳了下去。

此时此刻，生死关头，求生的本能占据了上风。马克做出一个超常反应：他像抓住一根救命稻草一样，在汉斯纵身下跳的那个瞬间，他紧紧抱住了汉斯的身子，跟随他一起跳了下去。

由于降落伞只能承载一个人的重量，所以，这突然增加的重量，使得伞绳伴随着"啪啪"的响声连着断了两根。

汉斯拼命挣扎、大声喊叫着，他被吓得手脚冰凉、脸如白纸。他命令马克马上放手，还说要给他千万的美金，并且任命提升他为总经理。可是无论汉斯提出了多么丰厚的条件，马克都不为所动，他就像膏药一样，紧紧地贴在汉斯的身上。

他的这一举动急坏了汉斯，只见他满头大汗，破口大骂道："你是个大混蛋。"此时的马克毅然决然地死死抱着汉

第七章　微笑是一株含泪的罂粟花

斯，就是不肯松手。

无计可施的汉斯心想："难道要我和他一块儿摔死吗？"霎时，他急中生智，让心绪得到些许的平静，然后他清了清喉咙，开口大声地讲起话来："女士们，先生们……"

他的话音刚落，便有奇迹发生。马克如条件反射般连忙鼓掌喝彩。可是他万万没有想到，自己此时身处的境遇。说时迟、那时快，只见他的整个身子像一支离弦的箭坠入谷底。

脱险后的汉斯长长地叹了口气，他心里暗暗道："幸亏他有这个习性，不然……"

输掉了一切,
也不要
输掉微笑

虚名遮望眼

　　生活之中,那些看着美好华丽的东西你拼命地去追求,追到手后,才会发现自己一无所有,竹篮打水一场空,其本质在于他追求了一些错误的东西,自己还不自知。一个真正懂得生活的人,他深深地知道自己想要的是什么,而勇于舍弃那些"美丽的错误"。也会十分清楚地知道自己应该珍惜的是什么。

　　皇冠或玉玺都有着神圣的意味。因为人们一旦拥有了它们,就会有许多人向他们俯首称臣、顶礼膜拜,他们热衷于这些权威所带给自己的炫耀感觉。然而,又让人不由自主想起另外一些动物来。

　　麋鹿是群居动物,它们大多生活在野外。每到夏末秋初之时,在它们的群体之中都会上演一场激烈的王位之战。对获胜

第七章 微笑是一株含泪的罂粟花

者的加奖就是，它可以拥有至高无上的统治地位，与此同时，它还享有自由与种群中任意一只母鹿交配的权力。它与人类的皇帝享有一样的待遇，这也是无可厚非的。然而，令人感兴趣的是，夺得王位后的获胜者，它会将地面的杂草挑起，然后顶到自己强有力的触角之上，再大摇大摆、风风光光地在鹿群中炫耀几圈，享受着被群鹿顶礼膜拜的美妙感觉。那些鹿看它头上杂草的眼神是温驯的，它象征着至高无上的权力，与人类社会中的皇冠倒真有几分相近。

让我们再扩大一点来说，与某些掌握了一定权力的、顶着"帽子"的人物也很近似。拥有了这些杂草或"帽子"，便有了生杀予夺的特权。

然而，人们都忘记了，这皇冠有时也只不过是一些杂草而已。人们往往想去得到一些名、一些利，以为只有如此，才会生活得很幸福、很美好。但当他们真正得到了这一切，却发现一切都只是徒劳，一切归于虚无。静静思索过后才发现，自己竟然是本末倒置。

母虎病故，虎王看着母虎的尸体心如刀绞，好几天不吃不喝。虎的臣民们对它说："大王呀！王后既然去了，我们就让她入土为安吧！"虎王一听，觉得也对，然后为母虎举行了一个隆重的葬礼，它精心为母虎建了一座华丽的坟墓。

自那以后，虎王没事总要到母虎的坟墓旁走走。直到有一天，虎王发现母虎的坟墓孤零零的，一点儿都不好看，虎王决定在母虎的坟墓旁种下许多鲜花。再看起来，的确比原来好看多了。

几天之后，虎王感觉母虎的坟墓旁还是差了点什么，于是它想了想，在母虎的坟墓旁又种了不少树木。

几年过后，这里的树木们长得郁郁葱葱，各种花儿开得娇艳欲滴，虎王深深地陶醉在这种美景里。

刹那间，虎王心里又觉得此景里似乎有一种遗憾，又不明白这种遗憾到底是什么？百思不得其解的它想啊想啊，最后终于发现母虎的坟墓破坏了眼前的完美，它将母虎的坟墓挪出了这个美丽的地方。

再反复观察，虎王总算感到完美了。然而，虎王却忘了当初美化这个地方的初衷是什么了。

生活中，有许多人也常常犯这样的错误。当他们组建家庭时，目的是为了能与心爱的人在一起。当他在外打拼时，目的是为了让心爱的人过上更加幸福的生活。可是，有许多人却在家庭的条件越来越好以后，感情反倒是越来越淡，最终各奔东西、分道扬镳。聪明的人，也难免会犯虎王一样舍本逐末的错误啊！

晋人成仙

> 如果想要过上好日子,唯有选择奋斗,只有通过踏踏实实、一步一个脚印的劳动,才能得到你所期盼的,这才是明智之举。

有一个人生活在晋地,他一心信仰神仙。无论白天还是黑夜他都在朝思暮想,他一心想修成正果,然后升天化仙,他笃信神仙简直到了痴迷的地步。然而,想要变成神仙,能有什么捷径可走呢?晋人十分苦恼,因为他总是想不出有什么好办法。晋人心里暗暗想,既然想成仙的人十分少,为什么老天不成全我呢?我是如此诚心诚意。

偶然的一次机会,这位晋人无意间从一本书中得知,在山林的深处长有一种仙草,它的名字叫灵芝,外观长得有些像蘑

第七章　微笑是一株含泪的罂粟花

菇，只要吃了它就可以成仙，飞上天空。真是"踏破铁鞋无觅处，得来全不费工夫。"这位晋人高兴极了，于是，他天天不辞劳苦地上山去四处搜寻灵芝，他十分有信心能够在数不清的植物中发现这种灵草。

直到有一天，一心想成仙的晋人按照惯例继续上山去寻找灵芝，他翻越了崇山峻岭，不辞劳苦，累得疲惫不堪。最后，他坐在一块大石头上休息，突然间，他看到不远处的一个烂树桩上生着一个大蘑菇，这蘑菇足有箱子那么大，有九层的叶子，有金子般的光芒射向周围，光彩照人。"真棒，难道这就是传说中的仙草灵芝？真没想到会让我得到，看来我马上就要成仙了。"此时，晋人早已忘记了疲劳，他三步并作两步向那灵草飞奔过去，把它采了下来，并细心地带回家去。其实，只要是有些常识的人都会发现，它是一只有毒的蘑菇，根本就不是什么灵芝，它只是山中最常见的毒蘑菇，然而晋人被他一心只想成仙的这种想法冲昏了头脑，哪里能分辨得清呢！

回家后，晋人庄重地对家人说："你们快来看看，这就是我费了九牛二虎之力从深山之中采回的灵芝，只要吃了它就能成仙。但是，想要成仙必须要有缘分，因为上天是不会随随便便就让人们成仙的。今天，当我得到这难得的东西，我就想，我一定是与仙有缘的人，而且即将就会变成神仙了！"之后的三天，晋人潜心斋戒，不仅天天沐浴焚香，而且他还彻底清洁自己的内心，用来表示自己对神仙的虔诚之心。当这一切完成后，最为隆重的食灵草仪式开始了。只见晋人毕恭毕敬地捧出蘑菇并将它煮熟，一边兴奋地说着我马上要成仙了，一边夹起一大块蘑菇吃进肚中。不多时，晋人就感觉到自己的腹痛难忍，而且感觉自己的肠子像要断了一样。最后他倒在地上，气绝身亡。

听到这边有动静，他的儿子急忙跑过来想看个究竟。儿子受父亲的影响极深，把成仙也当成了自己的理想，整天做着美梦，无所事事。此时，他见到父亲死了，思考了片刻说："父亲终于成仙了，因为凡是想成仙的人，都必须首先要脱去人的形骸。现在父亲已经脱去他的形骸成仙了，我也要马上成仙。"于是，他也吃下了蘑菇，与他父亲一样，他也中毒身亡。这个家族里的其他成员依然对成仙执迷不悟，所以大家都

第七章 微笑是一株含泪的罂粟花

争先恐后地去争吃那剩下的蘑菇，最后他们无一生还，全部被蘑菇毒死了。

生活中，有许多事情的真伪很容易就能分辨得清清楚楚，就像故事之中，那明明是个毒蘑菇，根本就不是难以辨认的东西，晋人一家却视为至高无上、可以成仙的灵芝，这是人们的侥幸心理在作祟，总是幻想着不费任何力量就可以得到自己想要的一切，天天靠撞大运生活着，寄希望于不劳而获，天上掉馅饼的状况是不会发生的，即使发生就不怕被砸死吗？人们常常走进一个误区，面对那些名与利，缺乏冷静而又理智的思考。最后，当然要付出惨痛的代价。

人为什么而失眠

虽然说上进心是向上的车轮,但是车轮也有需要休息的时候。没有一直行进的车子,它早晚有停的一天,如果平时不注重保养它,爱护它,那么当它倒下的那一天也就是它被用尽的一天。所以健康之于我们每个人来说,不是趁年轻努力地去透支,然后到了老年再补救,挽回的。不希望大家走进"年轻时用命换钱,老了用钱换命"的怪圈,请你永远不要踏近它半步。

有个年轻人,经常会去拜访恩师,并且向老师倾诉自己的苦恼:"老师,你的睡眠质量如何?我可就惨了,天天都睡不着觉,总是失眠。我能不失眠嘛!老婆体弱多病,又下岗了,孩子一天天长大,马上就要上学了,家里的水电燃气、柴米油盐哪一样不用钱?"

第七章 微笑是一株含泪的罂粟花

听到这里，老师只有一声叹息。只能把话题转开："那你对于以后的生活有什么打算呢？"他想了想，惶惑地说："等以后条件好了，我什么都不用操心了，就安心地睡上一个安稳觉，要知道，失眠成了我的一块心病，是我生活中最大的敌人。"

后来，这位年轻人的生活发生了巨大的变化。他从亲友那里借了许多钱，用来投资做生意。他的买卖做得很大，短短几年间，固定资产达到千万，他在这位老师的所有学生之中，事业上所取得的成就是最高的。

一天，他再次拜访恩师。然而，这位老师发现，即使他取得了成就，而且也摆脱了当年经济的困窘，可是为什么他还是满面愁容呢？于是，老师问道："怎么看你愁眉不展呢？你的失眠好了吗？"他答道："虽然吃过了好多的药，还请专家会诊过，可是都无计可施。现在令我担忧的事情更多了。我会想公司员工会不会好好工作，会不会有人贪污，怎样才能把公司越做越大，什么时候能有时间陪夫人去欧洲旅行。我原来还以为等我有了钱，就什么都不用犯愁了，可是恰恰相反，让我担心的事情更多了。"

最后，他无奈地离开了老师的家。或许，他的失眠是永远不会治好了。

当时，他为了维持生计，整日地奔波劳碌，为了摆脱窘迫的生活状态而失眠。

此时，他为了生意做大，整日忧心忡忡，为了拥有更多的身外之物而失眠。

其实，他为了满足欲望，整日地自我树敌，为了实现那永远都达不到的满足。

第七章　微笑是一株含泪的罂粟花

为何没了命

> 自私的人，以为自己占尽了便宜，然而正是这种贪婪让他们的生命葬送在欲望的大海。不要让贪婪的恶果在你我的心间种下。

周六的午后，我在街边的小摊上买了几条观赏鱼。各式各样的小小的鱼缸在暖阳下排列，自由自在、五光十色的鱼悠游其中，时不时还吐出点点气泡，生命让人为之感动。于是我买下了其中的五条，三条红玫瑰，一条黑骑士，还有一条银色的小精灵，好像刚出生不久一样，要仔细看才能看到它，它们都是很普通的那种。

听卖鱼的大爷说："不要给它们喂太多的食，倒是要经常换水。"当时，我在想，既然我想让这些小生命走进我的世界，我就一定会好好对待它们，即使我再懒，也不会忘记给它们喂食、换水的。三条红玫瑰，两大一小，两条大的有4厘米，而小的仅能仔细地观察到，因为它实在是小得可怜。黑骑士有3厘米，小精灵稍稍小它一些。这里面最活跃的要算黑骑士了，它像得了多动症，简直没有安宁的时候，其他的几条都已蛰伏在水底。

回到家里，我就开始喂食给它们，是鱼虫干，我掐起了一点，放入鱼缸之中，这些鱼也许是因为搬到了新家，还没有适应新的环境，所以那些食物在水面浮了很久，从来没有被鱼问津。我观察它们许久，大约过了半小时，最活跃的黑骑士第一个采取行动了，它在水面上游来游去，好像是在寻找作战目标，又像是在防备敌人一样，这样的状态持续了两分钟。之后，它张开的小嘴一口一个准，吃着那些浮游的鱼虫。在这个时候，其他的鱼却熟视无睹，无论黑骑士怎样不断地扩大目标，其他的几条，仍旧蛰伏于水底，像是得了厌食症。最初我还以为它们没有发现食物，但奇怪的是，黑骑士自己无所顾忌地吃着，每每同伴从身边游过，还装作若无其事一样，它根本就不想把自己的重大的发现告诉朋友们。在鱼的世界里，有着它们特殊的语言，也有着和人类一样的特性。

第七章 微笑是一株含泪的罂粟花

黑骑士贪婪地把所有鱼虫都吃下了,真是美美地饱餐了一顿。过了一会儿,奇怪的是其他几条鱼开始出动了,只见它们浮到水面上,寻找那零星的点点鱼食津津有味地享受着美餐。时日久了,只要是我放进鱼食时,总是黑骑士第一个享受美食。与人一样,吃得多了,身体就发福了,不出两个星期,它明显地长出了1厘米左右。而其他鱼一直都不见长,因此,鱼缸里的战局马上就分出了高下,无疑黑骑士是它们的将军。可以对同伴任意地发号施令,有时还会像个国王一样巡游它的领海。

然而好景不长,这种局势很快便来了个大转折。有一次,当我给它们换水时,我发现,黑骑士像是得了病一样,无精打采,没有了往日将军般的威风,往日的活跃一扫而尽,没有了灵气,碰到它时也不会躲开,没有一丝动静,看来将军也会有累的时候呀!我在心里默默慨叹。然而此时此刻,那四条鱼却依旧活蹦乱跳的,没有一点不舒服的神情。第二天,黑骑士就死了,它大睁着鼓凸的眼,仿佛对缸里的同伴充满了留恋。

它因何而死呢?我很是困惑,每当看到其他活蹦乱跳的鱼,我认为不会是水质与空气的原因。那是什么原因呢?直到有一天,那个卖鱼的老大爷为我解开了谜。他说:这条鱼死于它的贪婪,它吃得太多了,以至于被太多的鱼虫干活活撑死了。

输掉了一切，也不要输掉微笑

此时我才恍然大悟，一条鱼也能死于自己的贪婪。看到依然活蹦乱跳的三条，当初我还以为它们吃尽了苦头，也许这正是苦尽甘来吧！它们最终赢得了属于它们的最后的胜利。

第七章　微笑是一株含泪的罂粟花

生气让你丢了性命

> 学会有效制怒不仅是一种很高的人生修养，而且是人在社会上生存、发展所必不可少的能力。人生要多一点理解，多一点宽容，多一点醒悟，多一点豁达，多一点理性。让那愤怒像远远逝去的江水，永不复还。

哲学家康德说："生气，是拿别人的错误来惩罚自己。"让那怒火肆意地放纵，就等于是燃烧我们自己有限的生命。很多有智慧的人和有成就的人，都曾经反复地告诫人们，千万不要被愤怒左右。何必如此自讨苦吃呢！毕达哥拉斯说："愤怒以愚蠢开始，以后悔告终。"是呀！如果不想成为愚蠢的代名词，我们就要控制好自己的情绪，不轻易愤怒。生命很短暂，我们要去实现与追求的美好事物实在是太多了，你有时间和精

输掉了一切，也不要输掉微笑

力耗费在生气这件事情上吗？可不要做下面这只爱生气的傻骆驼呀！

在一片一望无际的大沙漠之中，有一只骆驼在艰难地跋涉着。由于是正午，所以太阳像一个大火球炙烤着细沙，又饿又渴、又热又累的骆驼万分焦躁，瞬间，它的胸中升起了一股无名的烈火。

正在骆驼还不知道把这火向哪儿发泄之时，有一块儿玻璃碎片，把骆驼的脚掌硌了一下，它顿时火冒三丈，恶狠狠地抬起脚将碎片踢出去好远。然而它却不小心地将脚掌划开了一道又大又深的口子，霎时鲜红的血像热浪般流出，染红了它脚下的细沙，升腾起一股烟尘。

仍旧继续生气的骆驼，有气无力、一瘸一拐地向前走着。空中的秃鹫被它一路的血迹引来，成群结队、不断地在它上方的空中盘旋着。骆驼受到了惊吓，它不顾受伤的身体，一路向前狂奔，它的脚并没有停止流血，由于刚才的狂奔，身后留下了一条长长的血痕，在沙漠之中极其显眼。当它好不容易来到沙漠的边缘时，附近沙漠里的狼又被它浓重的血腥味引来了，劳累疲惫再加上失血过多，骆驼像只无头苍蝇，东奔西跑，迷

第七章　微笑是一株含泪的罂粟花

失在沙漠之中，这时的它已没有半点儿力气。可是谁能想到，它在惊慌之中竟然跑到了一处食人蚁的巢穴附近。食人蚁被它的血腥味吸引，倾巢而出，黑压压的一大片，一齐向可怜的骆驼扑过来。眨眼之间，骆驼被如黑色纱布的食人蚁裹了个严严实实。少许时间，这只生气的骆驼就鲜血淋漓地倒在了地上，一命呜呼。

死之前，它追悔莫及地感叹道："我为什么跟一块小小的碎玻璃过不去呢？"

人一旦处于愤怒的状态，就难以保持冷静清醒的头脑，做错事的概率就大大地增加。

早上小李刚刚踏进办公室的门，就鼓着红彤彤的脸进来。一看便知，她很不开心。她还在气愤地说着："一大早坐电梯就一肚子的气。"

何苦要气？气是别人口无遮拦、吐出的那无关紧要的东西，你又何必那么在意地把它吞下去呢？还让自己反胃，一天做事也不开心，何必如此惩罚自己呢！列夫·托尔斯泰说："愤怒使别人遭殃，但受害最大的却是自己。"